U0060616

Contents

推薦序

輔仁大學學術特聘教授
楊承淑

我與 Termsoup 結緣，起因於他們二〇一七年的一場演講。聽完演講之後，我們就談了好久。那段談話時間，似乎不亞於他們的演講時間。後來，Termsoup 進入課堂，並因而有了許多為教學而發生的改變，也都起因於那次的談話。而我自己也在醫療翻譯實做和一般筆譯的課堂上，開始和同學一起使用 Termsoup。很多改變自然地發生了；例如無紙化的批閱與傳閱，同學之間的觀摩、學習、討論等，課堂外的師生互動大幅度地增加。這樣的改變，符合了我想要指導譯者，而非譯本的初衷。

從當代翻譯理論或翻譯論述的角度而言，現今的譯者無疑已是譯事活動的主體。然而，真實世界中，仍有不少譯者自己並不認為如此。不過，這本書的作者以及他所訪談的眾多譯者，都不約而同地證實了譯者是帶著自己想法，有選擇、有策略地為自己的譯事活動進行佈局，甚至從生產源頭的出版社、主編、編輯過程中，都可窺見這類譯者的身影和活動留下的印記。

然而，譯者走出自己的生產工坊時，究竟該做些什麼、該怎麼做、什麼時機、跟誰接觸、找哪些機構群體？這本書裡訪談了不少 Termsoup 的譯者用戶，讀者可以依照自己的需要，從個案中探究不同的藍本，來繪製自己的各階段譯事藍圖。

而作者自己提出的，則是給專業譯者的商業必修課。這當然是基於他在創業過程裡的經驗與感受而來的。我個人對此是深受感動的。畢竟，創業是非常艱辛的；他也不諱言曾經走過的崎嶇之路，願意披露不為人知的辛苦之餘，還要提煉出有益眾多譯者的武功祕笈，這在以個人事業為主體的譯者當中，真要有行有餘力的強大能量和對譯事活動的抱負遠見才能辦到。

能把翻譯工作憑一己之力轉化為可持續的商業活動，在我印象中頂多每十年出一位，真可說是鳳毛麟角。但是，譯者如果把自己的譯事活動，視為商業活動的一環，能以商業管理的工具和模式來檢視自己的翻譯事業，或是吸取他人經驗進而轉化為各階段策略及目標。在市場競爭激烈、人才後浪推前浪的現實當中，確有未雨綢繆的必要。

我們正處於一個激烈轉型、脫胎換骨的社會與時代。譯者偏又處在知識技術的浪頭，無論翻譯工具、媒介、生產工序等，都無時無刻不在翻新。更遑論翻譯標的的知識內容，乃至各行業的技術更新，都使得譯者沒有任何理由原地踏步。

事實上，許多譯者之所以選擇這個行業及譯者的生活方式，大都是出於某種自我實現的追求。譯者之路既是為自己而做出的選擇，若要精準地活出自己的理念，在動身出發之前，好好地環顧同行者在做些什麼，看他們的裝備裡有哪些自己沒有的東西，再想想是否該有一張用得上的地圖。

在這本書裡，希望每位譯者都能找到自己想要的裝備，也捕捉到同行間綻放的真知灼見！

推薦序

國立台灣師範大學翻譯研究所教授
廖柏森

這是一本很不一樣的翻譯專業書籍，書中不談翻譯理論方法，也不講翻譯實務技巧。在書中常會讀到的幾個關鍵字如客戶分析、市場定位、商業模式、行銷策略等，乍看下像是本商業行銷的書籍。但其實這樣說也不算錯，自由譯者就等於一人公司或工作室、生產的商品是語言服務、客戶是案源（包括翻譯社、出版社、本地化公司、接案平台、公司企業、個人等）、行銷的則是譯者個人的品牌和提供的價值。換句話說，這是一本透過商業行銷分析架構指導自由譯者如何發展職涯、增加案源的專書。也因為這本書與市面常見的翻譯專書主題不同，更造就此書的創新意涵和獨特價值。

本書作者周群英女士是雲端翻譯輔助軟體 Termsoup 的共同創辦人。包括我任教的台師大翻譯研究所在內，國內許多大學翻譯系所都購買了 Termsoup，並經常邀請周女士到校演講和示範操作。我個人對於周女士非常敬佩之處，就是他跨越不同領域而皆卓然有成、從無到有而愈見創新能力。他從大學取得政治學系、社會學研究所學位；到職場歷練專案管理師、英文新聞編輯、程式設計師、同時又兼任譯者譯出多本書籍；到最近幾年創辦了 Termsoup 的公司，嘉惠眾多莘莘學子和職業譯者。這一連串實戰經歷反映出的正是一個新時代創業家（entrepreneur）的寫照，而自由譯者在這個快速變化的數位時代裡，除了翻譯技能之外，最需要的也正是這種創業家思維和跨界成長精神。

有意投入自由譯者生涯的人，很多是翻譯和外語文學系所的畢業生，他們嚮往文青的生活風格和浪漫性格，想像著以譯字維生即可保衣食無虞，並以「作自己」為最高處世原則，不為固定的公司組織或老闆賣肝。但是許多人並不了解現實世界總是殘酷的，市場上只有相對少數的自由譯者能夠擁有穩定和高價的案源，大部分新進譯者還是得面對不確定的未來和潛在的風險，例如二〇二〇年爆發的新冠肺炎疫情就使得口譯案量大減，事前無人能夠預測因應。而除了案源青黃不接之外，另一相關的因素便是譯者的收入。即使案源夠多，但如果每個案件的規模小而收入偏低，對於譯者有限的時間和資源而言仍是一種缺乏效率的投入，使得努力與收益不成比例，職涯難以為繼。而這些問題的解決之道，就是需要有意識、有方法地經營管理譯者的職涯，但這些觀念和技能在學校裡卻是難以學到的。

翻譯系所的實務課程往往集中在語言能力、翻譯技巧和專業倫理的訓練上，但這些只是自由譯者職涯永續發展的必要條件，而非充分條件，其中最欠缺的就是本書所強調「培養經營個人翻譯事業的能力」。而透過這本書，我們有了全新的眼光看到一位譯者的職涯還有更多的面向需要發展，更多的能力需要學習，包括業務的開發、客戶的認同、人際關係的耕耘、專業利基的定位、成本與效益的關係、關鍵資源與夥伴的助益等等，在書中都有精闢生動的解說。讓身為翻譯所教師的我也上了紮實的一課，深感受益良多。

本書還有一個其它翻譯專書少見的特色，就是訪談多位專業譯者，請他們現身說法，展現不同語種和各式接案工作的心路歷程。這些譯者的具體事例和作者的分析論述相互印證闡發，讀起來印象尤為深刻。相信這些傑出譯者分享的回首來時路和目前精采成就，當能鼓舞新進譯者見賢思齊，有為者亦若是。同時也讓我不禁讚嘆新世代譯者多元斜槓的能力、積極突破的態度。其中幾位譯者還是台師大翻譯所的校友，我個人也與有榮焉。

總言之，個人譯者的工作雖然看似自由，其實是不斷要求紀律和精益求精的生活日常。而作者周女士把視角再提高一層，從更宏觀俯瞰的角度翻轉我們的觀念：譯者除了掌握語言的翻譯技能之外，還必須了解翻譯市場供需和自己提供服務的定位，學習如何多角開創與經營自己的翻譯職涯。而我從學校教育目標的立場來看，翻譯系所的訓練雖然並不只是為了培養自由譯者，教師也不見得都具有豐富市場經驗可供學生借鑒，但畢竟翻譯系所的畢業生有一部分會成為自由譯者（台師大翻譯所約有三〇％），理應更加重視自由譯者的養成，而本書中的商學知識和行銷策略即可作為有效的教材。

最後，我也要感謝台北市翻譯職業工會張高維理事長，獨具慧眼力邀周女士撰搞、並不計盈虧出版這本極具特色的翻譯專書，不僅令譯界耳目一新，更可引領自由譯者建立最新商業模式的職涯觀，調整工作模式，進而獲得穩定且高價的案源。個人非常榮幸為本書作序並樂於推薦之！

前言

我是雲端翻譯輔助軟體 Termsoup 的共同創辦人，當台北市翻譯職業工會理事長張高維先生邀請我寫書時，我思考的第一件事是這本書該寫什麼、怎麼寫才對讀者有價值。

不少譯者都出過書分享過自己的經驗，有些譯者雖然沒有著作，但也在部落格或臉書粉專分享各種經驗，這些資訊都很適合想進入翻譯界的人參考。既然已經有這麼多人分享過許多經驗，我這本書又該寫什麼才有差異？這個問題是所有要在市場上提供產品或服務給別人的人——當然也包括提供翻譯服務的譯者——都要認真思考的問題，也是貫穿這本書的主軸。差異化是我們創造價值的重要來源。和競爭者相比，我們的產品或服務如果沒有顯著差異，就不容易在客戶心中留下印象，自然也就不容易成為客戶的選項。

從瞭解譯者的痛點開始

二〇一六年五月，我和夥伴決定開發 Termsoup 之前，曾在臉書「翻譯與譯者」社團徵求譯者受訪，最後訪談了十五位譯者（再次感謝當年受訪的譯者）。我們發現，譯者們除了想改善工作流程之外，也普遍希望獲得更穩定或更有價值的案子。二〇一八年底，在我開始規律寫部落格之前，曾在網路上研究是否有人針對譯者的這類痛點分享或討論。我發現，網路上確實可以找到相關文章，也有一些寫得很精彩，但整體來說欠缺系統性說明，甚至沒有援引重要的商業觀念和架構，因此讀完後還是多半停留在碎片化的資訊層次，難以幫助讀者提升至看到商業全貌和策略規劃的水準。於是，我決定從這個地方著手。

我的創業經驗始於二〇一四年，迄今都在新創圈裡打滾，加上我也是譯者，希望將新創和翻譯整合在一起，帶給譯者一些平時可能較少接觸但很有用的觀點與方法。部落格寫到現在，我常常遇到譯者告訴我我的文章對他們很有幫助，打開他們看待職涯的新高度，甚至有些人對自己的未來有了完全不同的想像和期待。二〇一九年底，台北市翻譯職業工會理事長請我寫一本完整的書，把內容更系統化，這就是本書的由來。

從一次難堪的經驗說起

寫這本書時，我一直思考自己寫文章的初心是什麼，因此頻頻想到過去的經歷，想著想著就想到多年前的一個經歷。二〇一三年我在一家媒體公司上班，當時萌生換工作的想法，希望能從做例行性工作，轉換到參與公司產品與發展方向的策略性規劃工作。我知道自己沒有太多經營相關的工作經驗，也不確定能否勝任，但我還是決定嘗試看看。我打開在求職網站的履歷表，幾天後一家在業界小有名氣的公司主動邀請我面試。當天和我面試的是老闆本人，他聽到我有創業經驗，興致勃勃地要我多分享。

我第一次興起創業念頭是在二〇一〇年，當時和夥伴嘗試經營一個類似 104 外包網的外包平台。我們沒有人會寫程式，也沒有任何網頁開發經驗，於是將網站外包給一家印度接案公司建置。經過半年多的作業後，我們發現將核心產品——也就是網站——外包給別人做是個重大錯誤。不僅產品的規格溝通很久，而且雙方對於產品品質和交期都沒有共識。即使簽了合約，但由於相距千里且只能以英文遠距溝通，加上台灣和印度在文化和工作倫理上都有巨大差異，專案進行了半年多卻仍原地踏步。花了十幾萬台幣後，我們決定忍痛終止這個計畫，網站也因此從未完工過，更遑論上線運作。

面試我的老闆聽完後，問我一個問題：「對外包平台來說，最重要的是什麼？」。我仔細想了一下，回覆他：「SEO」（搜尋引擎優化）。他聽了臉整個垮掉，一臉「孺子不可教也」的嫌棄表情看著我，接下來更是花了一個小時數落我的無知，有些言詞甚至到了羞辱人的地步。最讓我氣結的是，當下我雖然覺得憤怒、羞恥和無助，卻居然沒有拂袖而去，只是靜靜聽他劈哩啪啦說個不停，偶而受不了才回嘴幾句，還差點落淚。

那天回到家裡，我難過又沮喪，覺得自己是個徹底的廢柴，躺在床上大哭失聲。我難過的不只是被羞辱的難堪，更讓我傷心的是羞辱我的人講的話確實有道理！他說：「做外包網站最重要的是充足的案源！沒有充足的案源，自由工作者會去你的網站嗎？他們如果不去你的網站，業主會來刊登案子嗎？這是雞生蛋、蛋生雞的問題，你懂嗎？所以，網站一上線就要有夠多的案子，那麼案子從哪裡來，你想過嗎？你是不是應該去和大企業，像是中華電信這種公司談合作，讓它們願意到你的網站刊登大量的案子？那你要怎麼去找到這種公司合作呢？人家為什麼要和你合作？這些問題你都想過嗎？」

老實說，當時我真的沒想過這些問題，我根本不具備這些「問題意識」。雖然他還說了很多不必要的話，例如「你這樣沒用啦」、「我看你還是乖乖待在原來的公司上班，別想一些有的沒的，你不適合啦」之類難聽的話，但撇開這些不談，光就經營的部分來說，他說的都對，我確實思慮不週。從這件事我明白，重點不在於你的「產品」是什麼，而在於你透過產品給客戶什麼「價值」。自由工作者要的價值是合理的報酬，發案客戶要的價值是圓滿完成工作，網站只是幫助他們得到這些價值的一種手段。如果網站不能讓他們各自得到想要的價值，就沒有存在的意義與必要。當然，當時的我只是因為在面試時受到震撼教育，隱約感受到這些道理。我必須再過了幾年，再次接受更大的震撼教育與痛苦後，才能用文字清楚表達我的體悟。

到底該從哪裡下手

其實，我何嘗不知道自己的不足，也一直很想瞭解商業運作的全貌，但苦於不知如何下手。我還記得我在大三時也有過類似的經驗：當時的我對人生充滿困惑，心裡有很多對人生的各種大哉問，例如人生的意義是什麼，為什麼人要來到這個世界上等等，這些困惑甚至影響了我的生活與作息。我在哲學、宗教、思想等領域不斷尋找答案，但一直找不到能讓我安身立命的答案，只好學習忍受與困惑為伍。大學畢業後出社會工作，漸漸的我也開始對商業領域產生類似的困惑。我的工作讓我無法看到商業活動的全貌與邏輯，而文科出身的我也不知道該去哪裡找答案。當時我看了一些商業書，但也許是骨子裡仍然排斥商業這種「俗氣」的東西，所以一直讀不進腦袋裡。直到二〇一三年，我因緣際會加入親戚和先生共同成立的新創公司，和他們一起走過創業的歷程，這才真正迎來我人生的重大改變。

苦澀但千金不換的創業經驗

我加入新創公司時，公司已經運作一年，有十幾位員工，後來成長到二十人上下。公司的營運資金前前後後共一百五十萬美元，約四千五百萬台幣，全部由創辦人和矽谷的投資人出資。我在公司的角色是供應商的窗口，後來也兼著負責設計、行銷和業務的工作。當時公司每個月的開銷是一百萬台幣，營收卻連一萬塊台幣都不到，經營團隊的壓力很大。為了瞭解我們到底哪裡出了問題，二〇一四年上半年我在工作之餘花了很多時間看書、找資料、找業師、找答案，學到了很多原本不知道的東西。

此外，公司還曾因為資金用罄發不出薪水，我和先生將我們的存款都拿出來，並向家人再借幾十萬才發出那個月的薪水，差一點就要陷入銀行戶頭瞬間歸零的困境。後來，投資人決定再給我們一點錢嘗試，但最終仍無法挽回頹勢，公司在二○一五年底結束營運，也結束了我們第一次的創業歷程。

第一次創業時，我被迫在一年半內學習經營的許多環節，包括供應商管理、尋找合適的員工、人事管理、市場定位、商業模式等，終於讓我隱約看到我一直想看到的商業運作的全貌。當然，所謂全貌只是一個非常粗略的輪廓，細節和具體的執行面仍須不斷精進，但看到大致的輪廓仍讓我非常高興，因為我終於知道自己在哪裡，還有哪裡不足需要補強等等。另外，我們雖然失敗了，但失敗讓我們學到的東西，遠勝過去在職場十多年得到的東西。更重要的是，創業不僅讓我學到商業的知識，它也改變了我的人生觀。我甚至覺得，創業的經驗重組了我的大腦神經元（不是開玩笑的），把我變成和過去完全不一樣的人。所以，**創業對我來說遠遠不只是一種商業活動，更是心靈的活動。**

二度創業：Termsoup

二○一六年中，我和先生決定再次創業，因為我們都愛上創業帶給我們的當責（Accountable）人生：你有決策的權利和自由，但也必須為決策的成敗負起全責。這話聽起來有點刺激又可怕，但實際上我認為當人能夠當責時，他會漸漸變得成熟、務實且深刻，長遠來說對自己和組織來說都是很大的收獲。當時，已自學程式一年的先生開始編寫 Termsoup，我則負責設計介面。Termsoup 是給專業譯者使用的雲端翻譯輔助軟體，是給能獨立完成翻譯任務的譯者使用的專業軟體，和一般熟悉的機器翻譯不一樣。我對這種軟體原本一竅不通，連聽都沒聽過，開發軟體後才瞭解這類軟體為了能支援來自各行各業的檔案和需求，其複雜度超過我的想像。

除了軟體（產品）之外，我也透過開發 Termsoup 而對翻譯「產業」有更深入瞭解。

說句真心話，如果我在開發 Termsoup 之前就擁有我現在對產業的瞭解，我很有可能不會開發這個軟體，因為過程之艱辛和棘手遠超過我一開始所想。不過話說回來，創業不都是這樣嗎？也只有這樣，學習才能持續不輟，而我也確實因為這次創業又學到很多之前沒學到的東西（和教訓）。

本書架構

二〇一八年中後，除了平日開發和維護軟體之外，我也開始針對自由譯者關心的議題撰寫文章，分享我過去從創業學到的商業知識。我向來特別偏好有結構、有系統的東西，因為瞭解大方向和藍圖對我來說非常重要，所以我的部落格文章基本上是用一定的結構來貫穿。在本書，我要和讀者介紹我一頭栽入商學的世界後，認為最重要的概念和架構。當然，還有很多概念也非常好，但這本書只分享自由工作者也能馬上受惠的其中三個。

AIDA

AIDA 是注意（Awareness）、興趣（Interest）、欲望（Desire）、行動（Action）四個英文字的縮寫，最早由美國廣告專家伊里亞斯・李維斯（Elias Lewis）在一八九八年提出，是行銷裡經典的分析架構，強調消費者要歷經一系列階段才會成為你的客戶。我第一次知道這個架構是在一百二十年前提出時，驚訝得下巴都快掉下來，因為實際在應用 AIDA 時，會發現這個架構非常強大，可以幫助我們釐清經營時每個階段該做的事。這個一百多年前出現的架構，至今仍是商業界常用的工具，想到這不禁很佩服李維斯。為了因應社會變化和科技進展，AIDA 後來有許多變形，但整體來說注意→興趣→欲望→行動的架構是不變的。

STP

STP是細分市場（Segmentation）、選擇市場（Targeting）和市場定位（Positioning）三個英文字的縮寫，最早由美國行銷專家溫德爾・史密斯（Wended Smith）在一九五六年提出，後來由知名行銷專家菲利浦．科特勒（Philip Kotler）進一步完善而成。STP 架構至今仍為許多人廣泛使用，是非常經典有效的分析架構。我發現，很多企業或個人之所以在經營上發生問題，是因為沒有仔細反覆思考、驗證和試錯 STP 的三個步驟。我認識少數譯者在不自知的情況下思考過 STP，結果取得很好的進展。如果能有意識地思考 STP，我相信進展會更快、更明顯。

商業模式畫布

商業模式畫布（Business Model Canvas）由亞歷山大．奧斯瓦爾德（Alexander Osterwalder）等人在二〇一〇提出，一推出就在新創圈大受好評，其美名後來更流傳到一般公司，甚至大企業內部也在使用。後來，國外越來越多的自由工作者也在用這個畫布，協助釐清自己的商業模式。

我們都知道市場有供給和需求兩端，如果說 AIDA 和 STP 強調的需求端的分析，那麼商業模式畫布就是把供給端也整合進來，變成一個完整的市場架構（而且是視覺化的，這一點很棒！），讓在市場裡的企業、公司、非營利組織和個人，都能利用這個畫布看到自己在市場裡的位置，並採取相應的行動。

從學習商學知識的角度來說，我之所以熱愛這個架構是因為它讓對商業運作毫無概念的人，可以迅速將自己的商業情商從零分提高到七十分以上，是一個 CP 值很高的模型。但是，當我更深入體會這個架構後，驚喜地發現它其實也融合了 AIDA 和 STP 的觀念！我不確定有沒有人明確指出這一點，但我的確是看過這個畫布上百次之後，才領略到這一點。所以，當我分享商業模式畫布時，也會提到 AIDA 和 STP，你可能也會和我一樣，產生「天下的道理都是相通的」的感受。

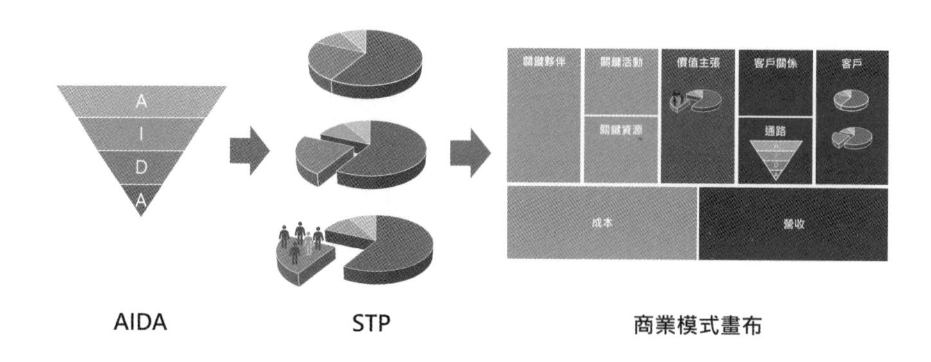

圖 0-1 ／本書架構

熟悉這些架構的好處是，日後進修商業方面的知識可以更快進入狀況，知道自己在這個領域裡的「哪裡」，讓你在茫茫的書海和文獻中，知道該去哪裡尋找你要的答案和解方。當然，世界上沒有任何一個架構可以囊括人類商業活動的全貌，但我認為上述三個架構非常經典而且有效，因此要在這本書介紹給不具有商業背景的讀者，讓你的職涯走得更順利穩健。

除了介紹上述三個架構，我還會用譯者的工作狀態實際使用這三個架構，讓讀者知道如何在實際生活中利用這些工具。此外，我也將分享近期對譯者的訪談。我因為開發 Termsoup 而認識許多譯者，也透過文章認識譯者，他們各自有不同的經歷，我希望透過分享他們的經驗和思考，讓平日較少有機會交流的譯者瞭解同儕的看法，並思考這些方法適用的條件和環境為何，以及它們是否適合你。最後，我想特別一提的是，由於書的篇幅有限，我平常寫的許多文章無法在此分享。非常歡迎你到 Termsoup 部落格和我個人的網站，那裡有我最新的文章。

Termsoup 部落格

Joanne 個人網站

圖 0-2 ／更多文章連結

謝辭

首先，我要感謝我的先生李偉俠，也就是 Termsoup 的另一位創辦人 Vincent，他是我最好的朋友，是我的知己，我的靈魂伴侶。如果沒有他，我不敢想像現在的我還活在什麼樣黑暗又消極的世界裡，看不見一絲陽光。我還要感謝我的父母和公婆，有他們才有我和我先生，謝謝他們養育我們，給我們探索未知的自由和機會。我也要感謝我的妹妹，人在美國的他也正和他的先生創業，我們彼此理解與支持，一起在創業的路上相互打氣。

我還要感謝所有曾經給我們支持、鼓勵、批評與指教的譯者和使用者，我希望你們知道，你們的意見對我們來說有多重要。我在這次創業的所有學習和得到的洞見，都是你們教導我的。我也要謝謝許多老師和產業前輩的鼓勵與支持，無論是請我們演講、授課或課堂採用 Termsoup，對我們來說都意義非凡，我和 Vincent 由衷感謝你們。最後，再次謝謝台北市翻譯工會理事長張高維，您是我的貴人，幾次若非您協助和給予機會，我們不會有那麼大的進展。包括這次出書也是，我從沒想過自己會出書，再次謝謝您！

第 1 章｜自由工作者的處境

自由工作者和創業家很像

自由工作者和創業家其實很像：我們都沒有老闆、沒有固定收入、要自己找客戶、自己維繫客戶、自己和客戶談判等。有些人做這些事時渾然天成，絲毫沒有意識到自己刻意在做這些事，但這並不表示這些事不存在或不需要做。此外，做這些事所需的時間和技巧，也會因為時機和環境的不同而大相徑庭。我舉個真實例子，你就會明白了。

二〇一九年我去美國加州參加美國譯者協會六十週年年會，年會上認識了一位日翻英的美籍文件譯者。他告訴我，二十年前他的翻譯價格是每字〇．五美元，相當於台幣十五元，而且案子多到接不完，他盡可以隨心所欲地挑案子。「可是，」他說，「現在每字只剩下〇．二美元」。單從名目數字來看，這個價格跌幅高達六〇％，如果再把通貨膨脹算進來，實際上縮水更多。這個改變聽起來讓人很無奈，是吧？但是，如果你知道美國譯者目前平均的收入是每字〇．〇〇八至〇．一五美元，就會知道他的〇．二美元仍遠高於平均值。

直到現在，美籍日進英譯者仍有人可以得到每字〇．五美元的單價，因此每週只要工作十到十五小時，就可過上不錯的生活，不過這種情況確實比過去少很多。美籍日進英譯者在翻譯產業是單價最高的族群之一，他們的收入普遍比其他語言配對的譯者高，而這和該語言配對的市場供需有關。如果譯文品質良好又願意多接案子，月收入達二十萬台幣以上並不罕見，五十萬以上的我也聽聞過。但即使如此，這位譯者仍告訴我這幾年市場競爭明顯比以前激烈許多，雖然他仍可靠翻譯過上不錯的生活，但現在的他不能再像以前那樣挑案子，否則客戶一定有辦法找到其他譯者替代。

其實，類似的狀況正在各行各業上演，只是劇烈程度不一。由於科技進步，過去二十年市場發生了天翻地覆的改變。如果說以前的自由工作者，只需精進專業技術就可賺得生活所需，那麼現在也許不太一樣了。現在，除了原本的專業技術之外，你可能會發現會更多專業以外的東西，可以讓你的職涯走得更順利。換句話說，因為科技讓我們的生活與市場發生巨大變化，所以自由工作者的處境和創業家不只是像，而是越來越像。

你是不是搞錯了？我沒有要創業

這本書主要是寫給譯者看的，內容還是和譯者相關，並不會涉及創業本身的專業。但不可否認的，自由工作者和創業家有許多相似處，瞭解這一點可大大改變你看待職涯的廣度和成果。

許多人認為「創業」是去做一個產品或服務，去設立公司，並且銷售產品。這確實是創業常見的路徑，但創業——起碼在創業的初期——開發產品、提供服務、設立公司、銷售產品等，都不是創業真正的關鍵所在。真正的關鍵是我在〈前言〉所說的，**釐清你提供什麼價值給別人**。換言之，當你做的事需要你去思考「我提供什麼價值給別人」時，你就和創業家有一樣的處境。

你也許會說：「照這樣講，豈非所有需要上班工作賺錢的人，都和創業家有一樣的處境？你這個範圍未免也太寬了。」Bingo！你說對了。撇開完全不必和任何人接觸、互動、往來的人之外（我很好奇世界上有多少這樣的人），所有人都在這個範圍裡，差別只在於你是否意識到這件事。而根據我在職場和人際關係的經驗來說，是否意識到這件事將為你的人生帶來截然不同的面貌。

舉例來說，當一個譯者具有「我能為別人帶來什麼價值」的問題意識時，他很可能會進一步思考：

- 「別人」是誰？他們需要什麼價值？他們需要的價值會隨時空改變而有什麼變化？
- 除了我，還有誰可以提供價值給他們？我和其他也能提供價值的人有什麼不同？

有些人可能會認為，創業家和自由工作者才需要自問這些問題，畢竟我們盈虧自負嘛。但實際上並不然。所有需要透過和別人互動、交往、溝通才能維持生活的人，都需要思考這些問題。即使每個月都會有薪水入帳的上班族，你也需要提供價值給你的老闆、主管、同事、客戶、部屬、供應商、經銷商等，你的工作才能順利，職涯才能更上一層樓。所以，這本書看似雖以自由工作者——或更精確地說，是自由譯者——為主體，但實際上書中內容適合所有人。畢竟，人類是社會化的動物。

其實，人人都是創業家

雷德．霍夫曼（Reid Hoffman）是 Paypal 前營運長，後來創辦了 LinkedIn，擁有史丹佛大學「符號系統與認識科學」學士學位，以及牛津大學哲學碩士學位。原本打算當學者的他，後來發現學者職涯不適合自己，於是改到業界工作。剛開始進入職場的他，由於沒有業界需要的硬技能（hard skill），找工作一直碰壁。所幸他在史丹佛大學認識讀理工科的同學，在同學介紹下到蘋果公司工作。為了做好工作，他拼命學習各種實用技術，後來加入 Paypal 團隊，幾年後又創立 LinkedIn，現在則是一位天使投資人。

他寫過一本書叫做《第一次工作就該懂》（The Start-up of You: Adapt to the Future, Invest in Yourself, and Transform Your Career），我很推薦大家讀這本書。這本書最早的中文版書名是《人生是永遠的測試版》，我很喜歡這個書名，尤其「測試版」三個字對新創圈人士來說，是一個耳熟能響的重要概念。前陣子這本書改版，書名改成比較通俗易懂的《第一次工作就該懂》。第二版的中文書名和原本的英文書名有很大差距，原文的創業（Start-up）色彩完全未見於第二版中文書名。我不知道出版社改書名的考量是什麼，但我認為這種改變大致上反映出台灣民眾對創業的普遍看法：「創業是創業家的事，和我無關」。

但實際上，讀過這本書後會發現，霍夫曼根本不鼓勵創業；他鼓勵的是「創業思維」。他認為每個人都是創業家，所以這本書談的是用創業思維看待你的工作和職涯，即使你是一個從未想過要創業，也不打算創業的上班族。在書的一開始，作者就說：

> 你天生就是創業家，但這不表示你生來就懂得如何開公司。事實上，多數人都不該創業開公司，創業的成功機率很低，再加上情緒會持續受到衝擊，這條路只適合某些人走。人人都是創業家，並不是因為人人都該創業，而是因為人類的基因裡天生就有創造的意願。就像尤努斯所說的，我們在山洞裡生活的祖先需要自給自足，他們發明生存規則，自己開創人生。但經過文明洗禮後，我們忘記自己是創業家，舉手投足都像勞工。
>
> ——雷德．霍夫曼，Paypal 前營運長、LinkedIn 創辦人、天使投資人

對霍夫曼來說，每個人都是創業家的原因在於，「人類的基因裡天生就有創造的意願」，都有想把自己的想法、點子和創意注入自己的成品的渴望，而當我們失去或被剝奪了這種天賦人權，就成了馬克思說的「異化」。許多人在職場或工作

上經歷的沮喪和無力感，很多時候正是因為無法以創業和創造的角度看待和處理工作。

霍夫曼在文中提到穆罕默德・尤努斯（Muhammad Yunus）。尤努斯創立孟加拉鄉村銀行（Grameen Bank），以微型信貸的方式讓無法從傳統銀行取得貸款的人，也能獲得創業者貸款而改變人生。二〇〇六年，諾貝爾獎委員會授予他與孟加拉鄉村銀行諾貝爾和平獎，表彰它們「從社會底層推動經濟和社會發展的努力」。這位諾貝爾獎得主曾說：

> 人人都是創業家。當我們人類還在洞穴生活時，我們都是自營業主，自己覓食、自給自足，那是人類歷史的開始。隨著文明來臨，我們壓抑了這項能力，成為「勞工」，因為他們在我們身上貼了「你是勞工」的標籤。於是，我們忘記自己是創業家。
>
> ——穆罕默德・尤努斯（**Muhammad Yunus**），諾貝爾和平獎得主、微型信貸先驅

說到這裡，我認為《第一次工作就該懂》這個中文書名確實取得好。讀者在翻開書之前也許會對內容有既定想像，閱讀後可能發現內容和你的想像有落差，但我相信會是好的落差。這本書不會教你什麼職場實戰技巧，但它告訴你的卻是比技巧更重要的事：世界變化的速度越來越快，看似穩定的生活也不如想像中穩定，我們應該用經營一家新創公司的方式看待自己的職涯，即使你的公司只有你一個人。

無論你是上班族或自由工作者，也不管你每個月是否都有固定的收入進帳，你都應該用創業家的思維來看待自己的人生。因此，我的書就是要以譯者為例，和讀者分享創業家都用什麼方法分析自己在市場的處境，以及該採取什麼行動。

譯者訪談　黃致潔

黃致潔（Grace Huang）畢業於師大翻譯所畢業，目前是中英口譯員、雙語主持人和會議引導師，有過近千場會議口譯與主持經驗，曾協助現任及前任正副總統、縣市首長、諾貝爾獎得主、財星五百大企業、國內上市櫃公司高層等進行國際溝通。

我在二〇一九年底認識 Grace，並且非常欣賞他的風采和大器。我認為他之所以如此傑出，在於他勇於跨出舒適圈，並積極學習新知和擁抱新觀念，讓他成為一個層次豐富的人。

1. 你最近以會議引導師的經驗推出線上課程《英語 Con-call 即戰力——掌握國際溝通黃金法則》，廣獲好評。請問你為何從口譯員的身份跨足為線上課程講師？這中間是否有什麼心路歷程或轉折？

我除了從事中英文口譯工作，也具備雙語主持人、國際會議引導師以及講師等身份。口譯是幕後工作，但是雙語主持人、國際會議引導師以及講師都是幕前工作。我是科班出身，從翻譯研究所畢業，因此在身份認同上一直以「口譯員」自居。母校師大翻譯研究所在口譯的專業訓練上非常出色，我們也在學校學習到口譯員的角色定位為「幕後」工作，不該喧賓奪主。業界也很重視愛惜羽毛、低調不張揚的特質。因此對我而言，要兼顧幕後工作與幕前工作並不容易，中間經歷了數年的演變過程，期間我也一直不斷自我調適。

幕後工作所重視的特質，在專業口譯工作上非常重要，不過卻未必適用於我其他幕前的斜槓身份。其中一個例子是二〇一七年左右，我在工作上出現倦怠感，渴望不一樣的工作類型與內容。當時，我邀請了一位同是師大翻譯研究所畢業的學弟，一起公開辦實體課程，教授商務英語簡報，把我們在口譯工作中累積的英語表達經驗跟更多人分享，傳授如何用優質的溝通。

以往我的教學工作都是與知名機構合作，只需要教書即可，其他的行銷、招生、行政、課務、客服等等都不關我的事情。但是那一次，我與學弟以及助理三個人，一切從零開始，必須學會開課之外的所有一切事務。初生之犢不畏虎，在還不熟悉做好這件事需要多大的力氣之前，我們就已經在 Accupass 賣票。那時更深刻受到原來「幕後」與「幕前」工作與角色不同。因為本來口譯工作中，口譯員是幕後的工作人員。但是如果要推廣課程，我也必須 put myself out there，必須從幕前走到幕前，行銷自己。那一次，也是心態上轉變很重要的關鍵。

為了辦好課程，我們學習到需要操持的面向有多少，其中包含很多我們從來沒做過的事，包括自己做行銷公關、開拓業務、處理客服、拍攝宣傳影片、經營管理等等，其實就是一個公司在經營時會碰到的各種面向。我也學習到隨著大環境的改變，除了口譯專業之外，更越來越需要加入商業經營、策略思考的訓練，才能成功多元經營。

結果公開課程的反應很好，於是我們又開了第二場、第三場。這次的經驗也意外的幫我們開啟了其他機會。比如說，開始有媒體採訪我關於商務英語簡報與口語表達的主題。當時也有位電視台新聞主播來上課，給予我們很高的評價，也介紹了現在合作開設《英語 Con-call 即戰力——掌握國際溝通黃金法則》的線上課程平台給我認識。那時候，線上課程平台就邀請我開設線上課程，我也跨出了第一步，做了自己第一檔的線上課程。

不過，雖然我已經開過公開的實體班，但是對於讓自己在無遠弗屆的網路上傳播，總覺得需要做到盡善盡美，我才願意。再加上口譯員本來就低調的本性，我心裡仍然不太不自在，因此也沒有花心力做宣傳。

又過了一兩年，我做了一個國際培訓的口譯工作，其中一位講師是麻省理工學院的教授，他在教授創新時提到「最小可行性產品」（Minimum Viable Product, MVP）的概念，強調創新不必等到產品完美才推出，而是先做出最核心的功能，馬上推到市場上去，接受眾人的反饋（包括建議與批評），然後快速修正，才能確保方向正確。另外則是「最小可行性產品」的觀念，跟口譯訓練中談到的「刻意練習」非常相似，也是透過不斷的實作、反饋、快速修正，讓自己的程度更上一層樓。

這個觀點當時對於完美主義的我影響深遠。許多優秀的口譯員其實都是高標準的完美主義者，要求自己每一個字都精準、到位。我過往也認為要推出完美的作品，我才願意曝光。口譯的品質追求高標準當然很好，但是在許多其他的事情上，我學會 done is better than perfect。我聽過一句話說，你不必很厲害才能開始，但是你一旦開始了，就能夠變得更厲害。這些經驗與觀念都在我心中種下種子，然後不斷蘊釀，改變我的思維與拓展我的舒適圈。

直到今年，我的心態調整得差不多了。恰好碰到新冠肺炎疫情，於是順勢而為，推出線上課程，教大家如何英語開優質的遠距會議，也正好集結我過去口譯、雙語主持與會議引導的經驗。心態調整好，過程中必須拍攝宣傳影片、上直播節目宣傳，都比起以前自在許多，而且實際做完了一輪之後，也覺得其實那麼可怕，覺得如果要再來一次，我可以了。再一次印證「你不需要很厲害才能開始，但只要開始了，就會變得更厲害」的精神。

2. 幾次聽你說「自由譯者就是一人公司」，請問你為何有這種想法？

我一直認為每個自由工作者都是一家公司，因為自由工作者本來就是什麼都要做（身兼產品、業務、行銷、財務、行政多職）。不過我在實際成立公司之後，這種想法又更強烈了。當初之所以成立公司，是因為接了一個大型的筆譯案件。客戶雖然沒有要求我要能夠開發票，但我認為如果我能做到這件事，應該可以給客戶更好的體驗，服務也顯得更專業。成立公司後，我對我做的事情更投入（commitment），把它當成事業（career）經營，而不只是工作（job）。

成立公司大約一年之後，我因緣際會接觸到會議引導師（meeting facilitator）的工作，必須帶領客戶的隊用一套商業架構評估自己的事業。受訓的過程中，我把自己的工作當成個案來分析，這個經歷也更讓我能用企業的思維看待自己的事業，也更重視自己工作方面的策略與營運，更聰明的運用我的時間、精神與資源。

後來工作上十分忙碌，因此聘請了助理一起工作。要發薪水給別人時，又是另一個心態上的變化，當要把錢從自己的口袋拿出來給別人時，自然會更關心資源配置是否恰當。比如說，我會希望助理學會思考什麼是「有效」的事，把力氣和精神投注在對的地方。在規劃和策略層面上，有效（effectiveness）絕對比效率（efficiency）更重要，要確認做的事情是否有助於達成目標，比起在短時間內完成許多事情來得更重要。

另外我也學會「優化」的重要性，發現唯有不斷調整修正，才會進步。所以我花很多時間在帶助理，每一次調整作業的方式；我也很喜歡客戶給我們回饋，因為如此我們才能優化工作流程。如果沒有修正系統性的問題，只是把錯誤的事情做得很熟練。

3. 二〇二〇年初爆發的疫情讓許多口譯員的案源受到影響，你怎麼看待職涯發展上的風險？

風險很難預測，但要一直記得風險存在。和同業比，我這次受疫情的影響或許相對小一點，原因是因為我的工作類型比較多元。不過對我來說，其實是因為興趣和喜歡嘗試新東西，所以才會發展出口譯以外的工作。老實說當初並不是為了分散風險，結果現在卻有了分散風險的效果。

幾年前有了孩子，我對時間配置的需求和過去不太一樣，像口譯工作上場前需要花很多時間準備，在孩子還是小嬰兒的時候，我比較難做到，因此當時把比較多的時間配置在主持與專案管理的工作上。當時發現，以前無心插柳取得的身份，可以讓我在家庭和工作找到平衡。一直到後來孩子比較大了，我又刻意把口譯的比重調整回來，因為我還是很喜歡口譯工作，也覺得口譯的能力必須不斷打磨，因為不進則退。

財務上來看，我覺得自雇者的譯者朋友們，可以盡早做退休規劃，而且平常要有至半年的預備存款作為生活備用金，才能更自在的面對潛在風險。

4. 你的發展很多元，你覺得原因是什麼？你覺得你的機會有沒有比別人多？

我認為我的機會未必比別人多，但差別或許是我很樂於嘗試不同的事情。如果還不確定自己的目標，多元嘗試就很重要。我在考上翻譯研究所之後，先保留學籍一年，在台東當高中實習老師。當時有個菲律賓團隊去台東表演一年，我的工作就是幫他們口譯，尤其是在每天表演時，幫團長在台上翻譯表演的內容。這個舞團定點表演了幾天之後，要翻譯的內容都大同小異，於是不久後團長請我直接上台當講者，不需要幫他翻譯了，直接由我來介紹舞團。我覺得可以嘗試看看沒有問題。上台之後，我覺得舞台上不時需要有人帶動氣氛，於是我盡可能用言語讓場子溫暖、熱絡一些。過了一天，我準備要上台時，菲律賓舞團詢問我要不要穿他們的傳統服裝登場，我也欣然接受。慢慢的，我就變成舞台上的主持人了。

那年的工作結束時，菲律賓在台灣的觀光辦事處藉由這個活動認識我，於是後來我們又合作了許多其他的案件。例如，我在念研究所的時候，就在台北捷運站地下街當主持人，也會替菲律賓辦事處主持大型酒會。當時我在主持方面就是張白紙，沒有太多經驗，但也就是這樣慢慢培養出主持能力來，等到實際開始口譯工作之後，竟然也因為學生時代的經驗，開啟了雙語主持的門。

以會議引導師的工作來說，則是在口譯工作的場合認識了客戶。先到香港去替客戶的團隊做口語表達的培訓工作，多年之後，對方才找我做會議引導的工作，並且還花昂貴的學費讓我去美國接受認證培訓。如果不是一開始覺得 why not，何不試試試看合作的想法，或許就不會有另一種職涯發展的機會。

我很感謝從小父親一直教我們，就算不喜歡某件事也沒關係，但一定要先去嘗試看看，試了才會知道。我想，從父親那裡學到的是成長型思維，而不是固定型思維吧。每個人遇到未知都會恐懼。恐懼很正常，但重點是如何面對它、管理它。很多事情，我在做之前還是會害怕，包括到現在做口譯要上場前，我還是會緊張，但做了之後往往發現事情沒有想像中可怕，有時候去做就對了。

5. 你有什麼建議可以給讀者？

一是不要對語言工作設限，以為語言工作就一定是長成某個樣貌。其實學語言就是溝通，口譯的本質就是跨文化與國際溝通，而不只是表面上不同語言的轉換而已。學習用換位思考和同理心瞭解別人，然後用對方可以理解的方式表達你的看法，就是翻譯的精神。從這個角度來看，語言工作者能從事的工作很多，只要是涉及溝通的工作都很適合。

二是雖然現在譯者經營自己的個人品牌固然重要，但是專業能力絕對還是最好的品牌，要把培養專業能力當作最重要的基礎才是。經營個人品牌很好，只是仍然要謹守份際，遵守譯者的保密、誠信原則。比如說，某些活動如果是閉門會議，就不能用來當成經營個人品牌的材料；或是某些成果若不是自己貢獻的，也不該用來宣傳。

三則是一起推廣市場的「共好」。之前跟 Joanne 聊到這個主題，他也曾經分享過，語言產業是一個非常碎片化的產業，進入門檻非常低，且業務來源極度仰賴「關係」。因為這個結構的特性，所以在產業內的 player 需要特別強調「人和」。因為這個特性，沒有任何一家公司在市場上有絕對的主導力，得罪人的人，別人一定有辦法在其他地方讓你不好過，因為你做什麼都很容易遇到同業，同業對你的評價又會影響客戶對你的觀感，所以這一行因為產業結構的關係，特別不適合與同業交惡。反過來說，百家爭鳴的環境，同業間更必須互相合作、互相幫忙，一起共好。

這個想法也是口譯同行的前輩與同事身體力行教我的。十多年前，我剛從翻譯研究所畢業，市場中誰都不認識我的情況下，要如何獲得口譯工作呢？其實大多是靠同校畢業、市場上活躍的學長姐與學校老師推薦與介紹，到現在我都非常感恩。所以，同行為什麼要介紹工作給新人呢？難道他們不怕競爭嗎？因為師長與學長姐相信培養後進是「共好」，相信把餅做大，大家能雨露均霑。客戶用了優質的譯者，感受到對於國際會議的品質大幅加分，因此之後其他活動願意再聘用專業，增加所有人（不只是口譯員而已，也包含翻譯公司、設備商、其他筆譯工作者還有會議週邊的語言工作者）的工作機會，整體來說，會是對產業加分的事情。

口譯工作之中，一起合作同步口譯的夥伴，也常常主動實踐「共好」，比如把自己準備好的中英詞彙表與查詢好的會議資料與搭檔共享，讓知識最有效運用。口譯是腦力活也是體力活，口譯員花最多的時間準備與研究會議資料，因此如果能資訊與資源共享，互通有無，對口譯最終的品質一定加分，客戶的滿意度勢必更高，回購率也想必會提升，也是一種「共好」——對口譯建立專業形象好、對客戶好、對譯者好，也對產業好。

因為有這些經歷與學習，我也深信「共好」很重要，所以幫助後進很重要，資源與知識共享很重要。優秀的同事也跟我分享「豐盛」的思維，說「幫助別人成功」，就是幫助自己成功。因此能力許可，我希望多介紹機會給優質、正派的同行、新人；有機會的話，也想要與同事多交流、學習，互通有無，比如邀請同事們一起學習新的翻譯輔助軟體，或是增加彼此之間分享知識與經驗的機會。

另外，有「共好」，也就代表有「共不好」。一個環境中發生了不公義的事情，乍看之下或許跟自己無關，但是如果大家都沒有發聲、沒有作為，長期下來也會造就「共不好」。所以，要一起營造「共好」，也要一起避免「共不好」。

關於「最小可行性產品」

黃致潔在受訪時提到最小可行性產品（Minimum Viable Product, MVP），這個概念正是新創圈非常重要的概念之一，意思是指將產品裡對客戶來說最關鍵的功能做出來，接著就趕緊將產品交給目標客戶使用，以快速得到反饋並修正。換句話說，這個概念反對將產品打磨到完美才推出至市場，因為你很可能做出一個完美但完全不符合客戶需求的東西，從而浪費了許多寶貴的時間和資源。

我常遇到想經營部落格的譯者和我說：「等我把文章寫得完美再貼出來吧」。但其實，文章不需要寫到完美才張貼，因為你很可能根本還不夠清楚你的潛在客戶想看什麼文章。相反的，寫完後就貼出來，才能讓你從部落格的後台數據看到你的讀者喜歡閱讀哪些文章。如果遲遲不貼出來，你連知道該怎麼調整的機會都沒有。通常已經成熟、有確定模式的事情需要追求完美；但尚在驗證、釐清、嘗試的事情，追求完美則反而會讓你舉步維艱，或因為投入太多資源卻帶來無效產出而讓你痛苦不已。

對於像譯者這樣的專業人士來說，我們受的訓練通常都強調要「追求完美」，因此很多人很怕最小可行性產品的觀念。其實，追求完美和最小可行性產品並沒有衝突，只是必須應用在不同場景。最小可行性產品是用在當你要做一個新的產品或服務，還不確定市場對這個產品的接受度如何，因此需要趕快得到市場的回饋，以免自己一頭熱卻做出沒人要的東西。

然而，一旦研發出確定有客戶需要且願意付夠多錢購買的產品後，產品就一定要脫離最小可行性產品的階段，往成熟產品的方向邁進，這時候將產品打磨到「完美」程度，就是我們要追求的目標。就翻譯來說，它是一個非常成熟的產業和服務，所以在這個領域裡強調完美並沒有什麼問題。但如果你要嘗試打造新產品和開拓新方向，完美往往阻力而不是助力。

我曾經很排斥商業

我在和譯者互動的過程中，發現有些人對於商業方面的知識和活動不太有興趣，有些人甚至排斥這類資訊進入他的日常生活。在進入下一章之前，我想特別分享這個部分，因為若在排斥商業的情況下閱讀本書，這本書對你的幫助可能會打折扣。

從求學以來，我一直有典型的「文人」性格：重文輕商。我在大學和研究所讀政治學和社會學，哲學、史學略有涉獵，也曾對勞動社會學很有興趣。在很長的一段時間裡，我對商學和商業完全沒有興趣，甚至相當排斥。我對商學院有既定的偏見，認為商學院教的東西都是為了服務既得利益者，也就是公司、企業、老闆、資本家等等。工作後，幾次不愉快的職場經驗更加深我對商業的排斥。那時候，只要聽到別人侃侃而談「品牌」、「行銷」、「商業模式」、「利潤」等話題，就覺得他們俗不可耐，只差沒跑到他們面前喝叱說：「笨蛋！人生真正重要的東西並不在商學，而是在文學、史學和哲學之中。」

是的，以前的我不僅有「文人的傲慢」，而且症狀很嚴重。套用佛家的概念來說，我有很強的「分別心」，認為商學和商業活動是次等的，裡面不可能蘊藏人生的智慧。現在的我不會這樣想了，其中的關鍵就是創業。如前所述，第一次創業時，我為了釐清我們團隊遇到的問題，被迫快速自修商學知識。由於理論與實戰同時進行，我對每一個新學到的商業觀點都可以有較深的體會，加上創業的難度很高，非常考驗一個人的心理素質，**很多時候商業分析到一定深度後，我發現那根本是一趟自我的精神分析之旅**。就在這種情況下，我一改之前對商業的偏見，不再認為商業是次等的領域。

我是因為有過創業的經驗而不再排斥商業，但我相信這不會是唯一的途徑。我發現，創業最觸動我的都和內心的各種掙扎有關，都屬於情感和心靈層面的東西。

所以，如果你也希望用新的角度看到商業活動裡的智慧，不妨接觸一些企業家的傳記，尤其是翔實記錄他們在職涯過程中歷經的艱險和挑戰。閱讀時，可以把自己想像成是書中的主角，然後思考「換成我遇到這種處境，我會怎麼做？」，我相信這樣的讀法可以讓讀者更容易感受到商業活動其實充滿了人性，也會有更多收獲。這裡推薦幾本我很喜歡的書：

《什麼才是經營最難的事？》（本・霍羅維茲，天下文化）
《NETFLIX》（吉娜・基廷，商業週刊）
《教練自己》（張嗣漢，時報出版）

第 2 章｜由淺而深的客戶關係

商業活動的核心是感性

一位教授社群經營的講師說，常有學生問他「我要怎麼做才能展現專業」、「為什麼沒有人注意我的貼文」、「如何讓朋友介紹客戶給我」之類的問題。譯者常問的問題也許不一樣，但本質上是一樣的，例如「我該怎麼接到案子」、「該如何讓客戶繼續委託我」、「該如何讓出版社願意和我合作」等。

稍微觀察一下，會發現這些問題全部圍繞在「**我**」，關心的都是「**我要得到什麼**」。例如，我的專業要被看到、我的貼文要被注意、我需要朋友介紹客戶、我需要客戶給我案子。但是，如果我們無法提供別人需要的價值，別人為什麼要把寶貴的注意力放在我們身上？就像我們也不會去注意我們認為對自己沒有價值的事物上。這個道理看起來再簡單不過，但講到工作或職涯時，我發現認真思考和把握箇中道理的人並不多。商業活動看似理性，但最核心的地方仍然以感性為主，因為人天生以情感為主導。

卡內基對人性有很深刻的洞見，他說人天生只對自己有興趣，只關心自己。所以，若想擁有良好的人際關係，包括與家人和親密伴侶的關係，最簡單有效的方法是**有意識地把注意力轉到別人身上，因為人只關心自己**。當對方感受到你誠懇的關心後，自然也會把注意力放在你身上。

他用淺顯易懂的話分享過不少建議，但實踐起來確實不簡單：

> 想交朋友，就要先為別人做些事——那些需要花時間體力、體貼、奉獻才能做到的事。
> 關心他人與其他人際關係的原則一樣，必須出於真誠。不僅付出關心的人應該這樣，接受關心的人也應當如此。
> 人類本質裡最深層的驅動力就是希望自己有重要性。你要別人怎麼待你，你就先怎樣待人。
> 一個人事業上的成功，只有十五％出於他的專業技術，另外的八五％要依賴人際關係、處世技巧。軟與硬是相對的。專業技術是硬本領，善於處理人際關係的交際本領則是軟本領。
>
> ——卡內基．美國人際關係學專家

所以，針對前述學員問的問題，我的答案是：

- 只有當你的專業能**幫別人解決問題**時，別人才願意花眼力看清楚你的專業。
- 只有當你的貼文能**對別人有幫助**時，別人才會注意到你的貼文。
- 只有當朋友覺得**推薦你可以讓他有面子**時，他才會幫你介紹客戶。

所以，當你希望別人幫助你或希望潛在客戶和你合作，最重要的第一步是思考「我能為對方做什麼」、「我能幫助對方什麼」、「我能為對方提供什麼價值」，這樣才容易開啟合作的契機。

對待客戶就像對待心儀的人

曾有譯者告訴我，他不知道該怎麼讓客戶注意到他，請我給他一些建議。除了前面說的，要習慣性思考「我能幫助對方什麼」之外，也需要知道如何「接近」客戶。畢竟，人需要先接觸，才有機會產生好感、信任和合作。其實，接近客戶和接近你心儀的人，兩者的過程非常相似。

先談談當你想接近一位心儀的人的例子。你覺得某個人很特別，偶然遇到他讓你心情特別好，不久之後你發現自己對他似乎有好感。接著，你不時地想到對方，甚至希望常常看到對方，不想再只憑運氣靠偶然遇到他。為了製造你們「偶遇」的機會，你刻意走某一條路上下班，搭某個時段的公車，因為你知道他可能在此時此刻出現。果然，你們「偶遇」的次數變多了，對方似乎也注意到你這個「熟悉的陌生人」。

有一天，你藉故和對方說話，並和對方互加臉書。你透過他的臉書貼文，知道他是喜歡看什麼書、聽什麼音樂、看什麼電影，並且刻意而自然地也在自己的臉書貼他可能有興趣的話題。又過了一陣子，有一天對方在你的貼文留言，表示他也想去看你分享的一部電影。終於，你有機會邀請對方一起去看電影，看完後你們還在麥當勞喝飲料分享觀影感想。透過這次和後來幾次的互動，你們更認識彼此，也認為彼此適合交往，於是你們決定交往。

當然，很多時候追求心儀的對象並非如此順利，但這裡要表達的是，**鎖定目標，投其所好**的道理也適用在與客戶的互動。實際上，所有人際關係都適用這個道理。首先，你要有一個具體目標，通常目標越具體越好。如果你是技術文件譯者，你的目標可能是「半導體產業的晶片設計公司」；如果你是書籍譯者，你的目標則可能是「出版業小說類的出版社」；若你對本地化很有興趣，你的目標可能是「本地化產業的遊戲公司」。你未必需要像追求心儀的人那樣有一個具體的對象，但確實需要有一個明確的客戶類型，幫你更精確瞭解這類客戶想要得到的價值。如果心中沒有想要訴求的對象（客戶），你會不知道該去瞭解誰，不知道該把你有限的時間和精力集中在什麼地方。如此一來，你做的事情在別人眼裡看起來就很難有特色和差異，自然不容易被記住。

另外，當我們在追求心儀的人，通常不會期待和對方接觸一、二次後，對方就對我們有深刻的印象或好感。如果我們真的很欣賞對方，我們會很有耐心且盡量自然地地接觸他一次、兩次、三次或更多次，並且盡可能讓每次接觸都很愉快，如此後續才有進一步發展的可能。其實和客戶建立和維繫關係，本質上也是如此。但是，我猜很多人下意識會把工作上的人際關係與私人關係分開，認為那是完全不同的範疇和場域，所以有不一樣的運作邏輯。

的確，工作和私人活動有多差異，應對進退也有不一樣的規則要依循，但實務上它們都是人與人的互動，要達到互信、互賴與互助的程度，都會和接觸的時間與頻率有關。當我們向別人表現出真誠，時間久了、次數多了，自然更有機會和對方建立起長久關係，不管在公領域或私領域都適用。

如果你不喜歡客戶

我和譯者或其他自由工作者接觸時，發現有些人表現出對客戶的不滿，甚至是厭惡。他們雖不否認有些客戶不錯，但絕大多數的客戶都是想殺價和壓榨人的討厭鬼。如果你討厭你的客戶，那麼不論你的理由是什麼，這種不滿的情緒對你的傷害會很大，我建議應盡快釐清討厭他們的原因，然後改變觀點和作法，讓自己重新回到比較穩定的情緒狀態。

我很慶幸我的客戶以譯者為主，譯者在各方面的素質大多很好，我遇到的也多半是客氣有禮的譯者。但即使如此，工作時難免仍會遇到讓人情緒惡劣的人。過去，我很容易把這些客戶當成「個案」處理，認為某個客戶是針對我而來，或他們就是習慣不把人當人。當我這樣想時，我會陷入一種憤恨的情緒，認為眼前的這個人是個混蛋，而我則是遇到混蛋的倒楣人。

但是，當我越來越瞭解商業模式後，便開始更詳細審視「客戶」的內涵，並思考那些讓我心很累的人們，是否有什麼共通點。結果，我真的發現他們有共通點！例如，我發現他們大部分不是譯者，而是想用機器翻譯把原文趕快翻譯出來的大眾。他們通常已經用過 Google 翻譯，但嫌 Google 翻譯不夠好，所以才來 Termsoup 網站，希望我們的服務可以給他們免費且比 Google 翻譯更好的譯文。

發現這些人的共通點後，我漸漸把許多問題當作是結構性的客群問題，不再以個案視之。例如，當一位使用者說批評或抱怨 Termsoup，我會停下來判斷他是不是我要訴求的客群。如果是，我就練習放下情緒，把他的批評和抱怨當成我改進的方向；如果不是，我就忽略他，盡量不讓他的言行影響我。換句話說，我把大部分問題當成是我訴求客群的訊息傳達得不夠清楚，或是我的產品定位不夠明確衍生的問題。當我這樣看問題時，就會進一步思考怎麼做才能讓訴求和定位更明確，讓來到 Termsoup 網站的訪客，都能在最短時間內知道這個軟體適不適合他。

因此，後來我花了很多時間微調網站文案，修改註冊流程和回饋給使用者的訊息，目的就是為了讓訪客很快知道我的產品是不是他需要的。經過幾次調整後，我們的客服負擔果然降低了，專業譯者來到網站的比例提高，「誤闖森林的小白兔」則大幅減少。

這個經驗和我過去在其他工作上的問題很類似：當我認為問題都出在別人身上時，我常覺得無能為力，因為我無法改變他們。但是，如果我把問題的原因歸結到自己身上時，我反而可以思考自己能改變什麼。另外，用結構而非案例的角度看待問題也很有用，可以讓你看到更廣的面貌。例如，根據客戶的產業、領域、付費能力和目標等標準，將他們分成幾個有意義的族群，找到你最有熱忱服務的那群人。你甚至可以將客戶的個性當作分類的標準，例如你比較想和樂觀、積極、對生活有熱情的人合作，這些有都有助於你確認想要往來的客戶是什麼樣的人。

我們不見得要像愛親人或朋友那樣喜歡客戶，但最低限度是不要討厭他們，因為我們職涯的發展與客戶關係密切關係。當我們願意深入瞭解客戶，知道哪些人適合我們，我們就更容易找到合適的客戶，樂見他們因我們的協助而成功，而我們也因此成功。

AIDA 模式

在行銷的領域，人們常用經典的 **AIDA** 模式來描述我們與客戶由淺而深建立的關係。AIDA 指出，人必須經歷以下四個階段才會成為真正的客戶：

1. A：注意（Awareness），表示有些人注意到我們的產品。
2. I：興趣（Interest），表示那些注意到產品的人，有一部份對產品產生興趣。
3. D：欲望（Desire），表示那些對產品有興趣的人，有一部份想要這個產品。
4. A：行動（Action），表示想要產品的人，有一部份會採取行動購買產品。

AIDA 有幾個重點：

大部分的人不會走完所有階段

從第一個 A 走到最後一個 A 的過程中，每個階段都會有一部分的人「流失」，不會所有人都完整走過這個過程，所以一般都將 AIDA 畫成上寬下窄的漏斗形狀。仔細想一想，日常生活中所有的人際關係基本上都符合 AIDA 模式。我們每天都會接觸到很多人，但最後密切往來的通常不超過總人數的一%，如果你住在大城市或在大公司工作，這個比例可能更低。在商業上也是如此。大多數注意到我們產品的人，只有少部分會成為客戶。

瞭解這一點之後就能夠明白，若想提高最後成交的客戶數量，有兩個辦法：

1. **提高進入漏斗的總人數**：這個方法也就是一般行銷上所說的「衝流量」，讓更多人注意到你的產品或服務。在這個階段，廣告最能夠發揮很大的效果。
2. **提高進入下一階段的比例**：另一個方法是提高進入下一個階段的人數比例。從漏斗圖可以知道，光有一堆人來到漏斗最上方是不夠的，還要能夠讓人們往更下面、深入的階段走，願意持續和你互動（engage），甚至走到最後階段。

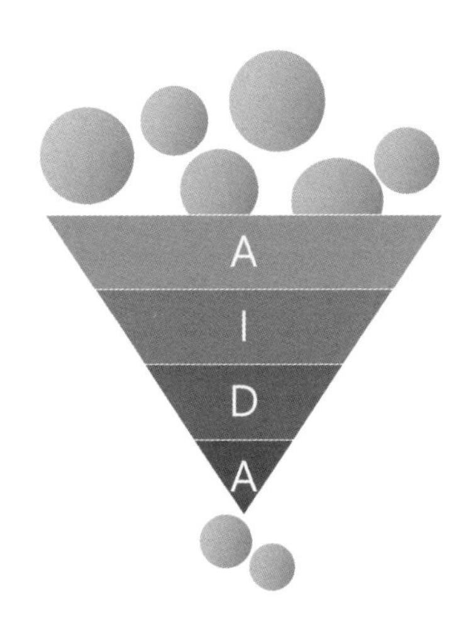

圖 2-1 ／ AIDA 模式通常被畫成上寬下窄的漏斗圖

不同階段之間的轉換率

以目前網路上的生態來說，雖然各產業有所不同，但和過去相比，投放廣告的效益越來越差。現在若要得到和以前相同的成效，投放廣告的成本很高。所以，提高不同階段之間轉換的比例，就變成非常重要的工作。例如，假設每一百人注意到你的產品，最後有五人採取行動購買產品，其餘九十五人則離開了你的漏斗。這時，若我們深入瞭解這九十五人各自在哪一個階段離開，為什麼離開，就有機會提高人們留在漏斗的機會。例如，可能我們的文案訴求不夠清楚、產品照片不夠吸引人、產品的好處寫得不夠明確等。針對這些問題改善，就有機會讓更多人走到下一個階段。

將從上個階段走到下個階段的人數除以總人數，我們就可以得到不同階段的「轉換率」（Conversion Rate）。轉換率高低會因為產業、產品、行銷能力等多重因素而不同，但平均而言落在二％～五％之間，十％以上算表現很好。很多剛接觸行銷的人會被這個「事實」嚇到，因為他們直覺認為轉換率應該落在二十％上下，沒想到竟然比大家想像的低不少。

我一直認為瞭解這些東西很有幫助，它可以讓我們對現實有合理的期待。很久以前，我對於應該寄出多少份履歷表，才能得到一次面試機會的數字完全沒有概念，因此當我寄了八份都石沉大海時，我開始自怨自艾。但如果當時我對轉換率有起碼的理解，就會知道自己不僅還有一大段路要走，而且一路上還有很多改進的空間，就像行銷專家不斷優化漏斗各階段的轉換率一樣。

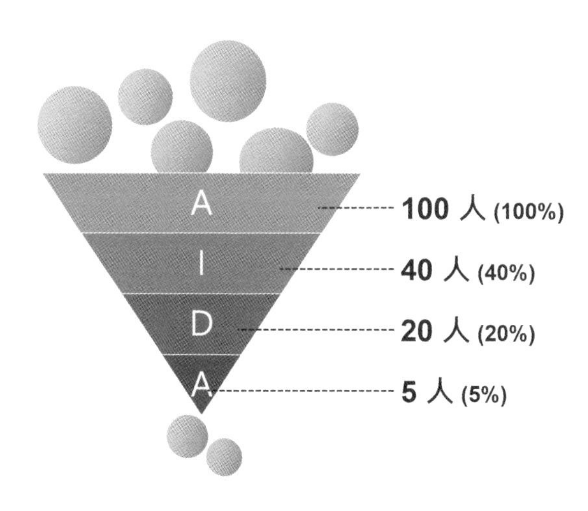

圖 2-2 ／ AIDA 各階段轉換率示意圖

走完 AIDA 的速度可快可慢

在感情上，有時我們會對某人一見鍾情，幾分鐘內就走從 A 走到 D，甚至很快就交往或結婚了；有時候，我們必須尋尋覓覓多年，才和某個其實已經認識多年的人成為伴侶。在商業上也是如此。有時候，潛在客戶只花了幾分鐘就走完整個 AIDA 過程，衝動型購物就屬於這種；有時候，潛在客戶需要幾個月或幾年，才會和我們正式合作。轉換的速度快慢和產業、產品屬性密切相關，通常單價不高的大眾消費性產品比較容易較快走完 AIDA 四個階段，而翻譯——我們必須承認——則較不具備讓人衝動消費的特性。

網路改變了一切

前面提過 AIDA 模式後來有許多變形，主因是自從二十世紀八〇年代以後，科技突飛猛進深深改變了人們的生活和行為。AIDA 其中一個變形是二〇〇四年由日本電通公司（Dentsu Inc.）提出的 AISAS，這個模型反映出自從網路興起後，消費者做決策的方式改變了。

A：注意（Awareness），表示有些人注意到我們的產品。
I：興趣（Interest），表示那些注意到產品的人，有一部份對產品產生興趣。
S：搜尋（Search），表示對產品有興趣的人，在網路上搜尋產品的相關評論。
A：行動（Action），表示想要產品的人，有一部份會採取行動購買產品。
S：分享（Share），表示購買產品的人，有一部分會分享你的產品給別人。

和原有的 AIDA 相比，AISAS 突顯出消費者不再只能被動接收業者想要傳達的資訊，而是開始能夠主動搜尋更可信的同儕的客觀資訊。舉例來說，在過去網路不發達的年代，「感冒用斯斯」是否真的有效，有沒有副作用，只能從身邊有限的親友圈去求證；但有了網路、社群和高效的搜尋引擎後，突然間你可以向一大群和產品銷售沒有利害關係的陌生人求證。比起業者鋪天蓋地的廣告，我們更傾向相信兩、三位服用過斯斯感冒藥的陌生人的意見。由於網路讓消費者（買方）獲得比過去更大的力量，所以近年來行銷理論也強調，長期而言廣告的效益越來越差，真實、訴求明確的行銷內容則越來越重要。

推力式行銷與拉力式行銷

如果 AIDA 說的是行銷如何由淺入深進入消費者的內心，那麼**推力式行銷**（Outbound Marketing）與**拉力式行銷**（Inbound Marketing），說的就是行銷如何擴散到多個消費者身上。換句話說，AIDA 說是縱向的深入，所以它是一個漏斗形狀；推力式行銷與拉力式行銷，說的則是橫向的擴展。

文獻上，一般將 outbound marketing 翻譯成推播式行銷，inbound marketing 則翻譯成集客式行銷，但我認為這兩個譯名都很難望文生義，且譯名也沒有呈現出兩者是反向關係的觀念，所以我稍微改了一下各自的譯名，成為推力式行銷與拉力式行銷。

推力式行銷（原譯名為推播式行銷）的意思是，「你主動」往外尋找潛在客戶，把自己想要傳達給他們的訊息「往外推送」。相信你一定有這個經驗：走在路上突然被信用卡業務員攔下，他不太在意你需不需要信用卡，逕自開始向你「推」銷辦卡優惠，這就屬於推力式行銷。推力式行銷的種類許多，常見包括 Email 信件、電話行銷開發、廣告、LinkedIn 陌生訊息等。由於推力式行銷容易引起人們反感，使用手法時必須更細緻，否則而且容易招來反效果。

有人可能認為，推力式行銷是一心一意想把產品推銷給你的業務員才會用的，但實際上就我的觀察，你我都可能在不知不覺中用了類似方法。例如我常看到譯者說，他們投給出版社的履歷表都石沉大海，覺得非常挫折。其實，如果你知道履歷表的本質就是廣告，是推力式行銷的一種，就會知道為什麼投履歷表的轉換率通常不會太好。但是，這只是大致上的狀況，如果你的履歷表寫得很出色，完全寫中主試官在意的要害，或市場上正好很缺你這類的人才或經驗，履歷表仍然可以是很有用的工具。但一般來說，推力式行銷是主動向外尋找並傳遞訊息給潛在客戶，因此從客戶的角度來看，這些「不請自來」的訊息自然較容易讓人產生戒心。因此，現在大家越來越重視拉力式行銷。

拉力式行銷（inbound marketing，原譯名為集客式行銷），是指以潛在客戶有興趣的事物，吸引「客戶主動」搜尋和關注你。由於潛在客戶是受到吸引而來，他們對於行銷內容的接受度通常比推力式行銷強，也不太會覺得被打擾。前面說的讓潛在客戶透過網路搜尋資訊再做決策，就是典型的拉力式行銷。那麼，客戶都如何搜尋呢？目前我們大多會在搜尋引擎輸入關鍵字，再就結果一筆筆瀏覽，但通常只會瀏覽第一頁的結果。這個在一般人眼裡看似再簡單不過的動作，在業者的眼裡蘊含了許多可以發揮的空間的。例如，該如何設定網站和網站內容的關鍵字，讓潛在受眾容易找到自己的頁面？該寫什麼文章，吸引潛在受眾來網站閱讀？該拍什麼影片，讓潛在受眾加入粉絲專頁？

和推力式行銷相比，拉力式行銷需要更長的時間才能看出效果，但效益已經證實比推力式行銷好。此外，在所有拉力式行銷裡，行銷大師賽斯．高汀（Seth Godin）認為目前最有用的是內容行銷（Content Marketing）。內容行銷是指在網路上留下潛在客戶有興趣的內容，讓他們透過主動搜尋找到你的內容。如果潛在客戶常常搜尋到你的內容，認為你的內容對他有價值，他就走進你了的 AIDA 漏斗，最後可能成為你的客戶。每當譯者問我該如何吸引客戶注意時，我常建議他們寫部落格，因為這是目前證實最穩健的方法。

但是，這個方法往往無法立即見效，甚至過程可能很緩慢，因為拉力式行銷的核心在於讓人「心甘情願」和「歡喜接受」，這樣的人際關係才能長久穩健，因為是建立在一定的信任基礎上。信任是最有價值的資產，也是最難獲得的資產。瞭解這個大前提才能做好拉力式行銷，否則就會急於求成。不管在網路或實體世界裡，我們都會看到有人為了求速成，用一些違背拉力式行銷理念的手法把自己包裝成可信的樣子，但奇技淫巧終究會被看穿，在網路時代被看穿的速度更快。

其實每個人都做過推力式行銷

就我認識的譯者來說，大多數人都比較內向，不僅不願意打擾別人，更不喜歡被別人認為自己在「推銷」，但為什麼許多人還是在用投履歷這種推力式行銷的方法接觸客戶？有人認為因為沒有想到其他方法才只好如此，但我認為根本的原因還是在於習慣以自己為中心看待事情。推力式行銷的重點在於「我」，所以要把「我和我相關的東西」推送出去讓別人知道。但現在各行各業幾乎都是「又熱、又平、又擠」，消費者或客戶面前永遠不缺一直要他購買產品的訊息，所以現代行銷理論強調的是「以客戶為中心」，是發揮同理心去理解你要服務的人。

從「以自己為中心」轉移到「以客戶為中心」是重大轉變。人天生能夠以自己為中心，但往往需要長時間有意識地自我提醒和訓練，才能夠轉為以別人為中心。我在網路上的租屋社群裡，不時就會看到房客貼出類似的訊息：「我臨時被調職，要趕快把現在租的房子轉租出去，否則我的押金會被房東沒收！有興趣的人請趕快和我聯絡。請大家救救我的押金！」。

每次看到類似貼文總讓我很困惑，心想這樣的內容到底可以吸引多少人注意？別人和你非親非故，為什麼要幫你救押金？租客在意的還是找到好房子和好房東，如果貼文裡無法滿足大家的需求，你想搶救押金和大家有什麼關係？

仔細觀察，身邊類似的例子不少，差別在於有些很明顯，有些則不那麼明顯。所以，當我們在向別人訴求任何想法時，有意識地練習將對方設定成我們的思考中心，可以對方的感受完全不一樣。

以投履歷表來說，撰寫和投遞履歷表時，要盡可能在每個環節上把自己設想成是即將收到並閱讀履歷表的人，並想像對方會希望收到一份怎樣樣的履歷表。要能夠想像這些細節，通常表示必須對對方的工作情境有一定理解。不過，就算不完全瞭解，也仍然可以透過同理的方式大致想像。

例如，如果你應徵的職缺很熱門，你可以想像對方的收件匣裡可能瞬間出現十幾、甚至幾十封信。這時候，信件標題是否寫得清楚，就是給人良好第一印象的關鍵。一個很多人應徵的工作，信件標題更應該寫清楚你應徵的職位和你的姓名，方便收件人彙整。另外，大多履歷表都用附件呈現，需要另外點開或下載才能看到內容，這些動作對收件人來說需要額外的動作，尤其當應徵的人很多時，不管出於疏忽或惰性，對方都有可能不打開你的附件。這時候，有沒有寫出一份好的求職信（Cover Letter）就變得很重要。如果你有寫求職信，而且求職信內容精彩、言簡意賅，就會提高對方下載附件的機會。

以上這些都可以透過同理對方工作情境的能力，讓我們思考的中心漸漸從以自己為中心，轉變到以對方為中心。不過，沒收過別人履歷表的人，有時候確實不容易想像到這些細節。因此若想寫好履歷表，不妨多看相關專業人士的分享，可以讓你有機會從別人的眼中看到你本來沒看到的情景。

第 3 章｜客戶眼裡的你是什麼樣子？

瞭解人際關係的建立是由淺而深的過程，而且這個過程有一些特性，接著就要瞭解潛在的客戶類型。每一位在市場上提供自己專業與服務的自由工作者，都要對潛在客戶有一定瞭解，並依照自己的條件選擇客戶。這個過程大致上可切成三個步驟：

首先，根據一些標準將整個市場細分成幾個次級市場；其次，選擇你要訴諸哪一個次級市場的潛在客戶；再者，由於在這個次級市場裡，你通常不會是唯一提供這類服務的人，所以你還要設定自己在這個市場裡的定位，讓潛在客戶更容易看到你與其他競爭者的差異和特色。

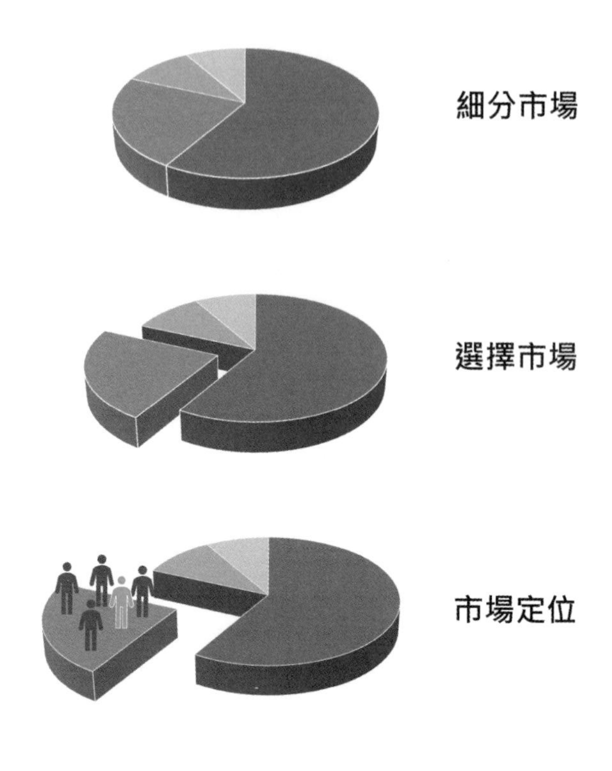

圖 3-1 ／ STP 架構示意圖

這個過程就是行銷理論裡經典的 STP 架構。

STP 架構詳細說明

1. 細分市場（Segmentation）

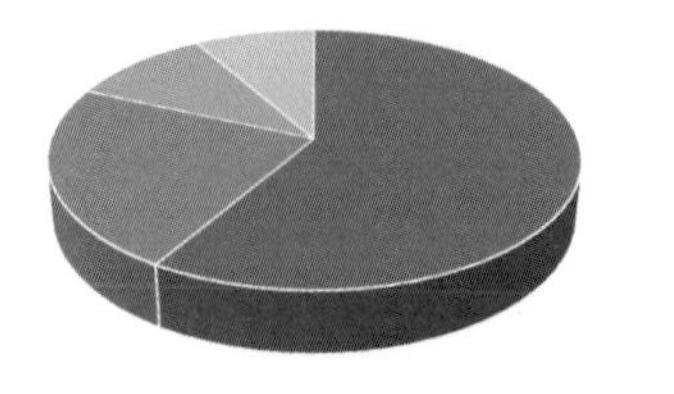

圖 3-2 ／細分市場

市場裡的客戶不是均質的，他們的需求不僅有差異，而且可能差異極大，需要很不一樣的服務才能滿足。若未將他們細分，直接用同一套方法和產品對待他們，可能會招致嚴重後果。網路興起後，大眾更容易透過網路找到細分的「同好」，甚至組成虛擬社群，成為具有不同偏好的同儕和「分眾」。這些人其實一直都希望得到客制化的產品和服務，只是過去的環境讓他們無法發聲。但網路出現後，人們越來越不願意忍受「一體適用」的產品，希望得到更貼切的服務，所以細分市場變得比過去都更重要。

由於沒有任何一家公司或個人可以滿足市場上的全部需求，所以公司、企業或自由工作者應先根據有意義的標準，將市場分成幾個次級市場。當市場切得越細，我們就越容易想像這個次級市場裡潛在客戶的輪廓，知道他們需要什麼。

2. 選擇市場（Targeting）

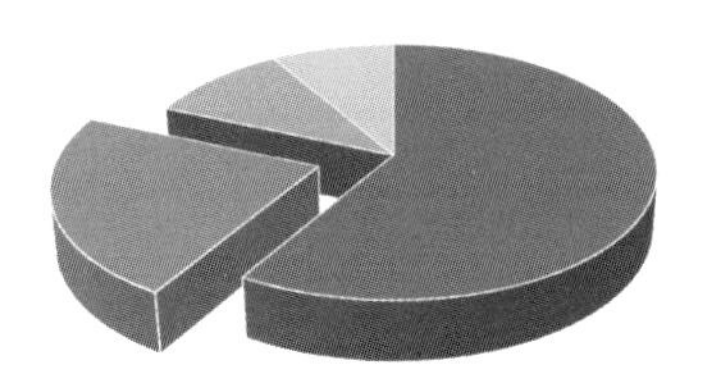

選擇市場

圖 3-3／選擇市場

將市場細分後，接著選擇你要訴諸哪一個次級市場。選擇市場往往和你的優勢、興趣和個人關懷有關。我們選擇的這個次級市場，就是行銷人員常說的「目標受眾」或「潛在客群」（Target Audience），簡稱 TA。

俗話說，「貪多嚼不爛」，這個道理在過去就是如此，在現在更是如此。如果我們把市場細分的工作做好，那麼次級市場之間應該呈現出有意義的差異，這個差異讓你無法同時跨足，或起碼難以在初期同時跨足。若想通吃，你的產品或服務就會顯得不夠到位，反而兩邊不討好。

3. 市場定位（Positioning）

圖 3-4 ／市場定位

選定次級市場後，就要思考你和這個次級市場裡的其他競爭者有什麼差異。市場通常很喧嘩，而且沒有意外的話未來只會更喧嘩，和我們一樣提供類似服務的人將越來越多。所以，如何在眾聲喧嘩之中在客戶心裡留下良好印象，就是市場定位要探討的層面。

在艾爾・賴茲（Al Ries）和傑克・屈特（Jack Trout）合著的經典之作《定位》中，其中、英文的副標分別是：「**在眾聲喧嘩的市場裡，進駐消費者心靈的最佳方法**」（**The Battle for Your Mind**）。我認為這兩個副標都下得很好，可以讓讀者迅速瞭解定位的精髓就在於「攻心為上」。作者在一開始為定位下了定義：

> 定位其實是指對你要影響的人的心理有無造成改變。換句話說，就是將你要推銷的產品，在消費者心裡佔有一席之地。
>
> ——《定位》

作者指出，定位不能從自己的想法著手，要從客戶認為重要的事情上著手，這一點和本書前面不斷強調，我們要把關心的重心從自己轉到客戶身上不謀而合。

定位有一點很重要的是，它純粹透過改變對潛在客戶的訴求來改善營運，並不牽涉產品本身的改善。例如，膠囊咖啡最早訴求的定位是為企業和餐廳提供方便、快速又好喝的咖啡，結果銷售量非常糟糕。對咖啡消耗量很大的企業和餐廳來說，由於膠囊咖啡的單價並不便宜，所以他們採用的意願很低。後來，幾經深入市場挖掘後，雀巢公司才發現中產階級家庭才是膠囊咖啡正確的潛在客戶。

在國外，家長多半需要為家人快速準備早餐，用餐後該上學的上學，該上班的上班。所以，這群人需要的是好喝、便利、快速的咖啡，價格高一點則無妨，畢竟他們平常用的東西也都不是廉價品。經過重新定位後，明明是完全一樣的膠囊咖啡，卻迅速在中產階級家庭這個市場獲得極大成功。這就是定位的例子。不過，誠如先前在細分市場裡說的，定位也會隨著市場變化而變化。近年來由於環保意識抬頭，膠囊咖啡幾乎和「不環保」劃上等號，銷售量也急遽萎縮，甚至有些國家禁止販售膠囊咖啡。若要挽救頹勢，除非研發出環保材質的膠囊咖啡，並以「零污染的膠囊咖啡」為訴求，否則以人類只會越來越重視環保的長期趨勢來說，膠囊咖啡的前途大概十分黯淡。

《定位》書中舉了很多只靠定位就讓公司營運脫胎換骨的例子，非常推薦大家閱讀這本書。這裡想分享書中一個作者幫銀行定位的例子。長島銀行是紐約長島地區歷史悠久的地區銀行，也是當地居民最常往來的銀行。然而，美國在一九七〇年代修改法令後，紐約市的大銀行便可跨區到紐約市以外的地區設立分行，嚴重衝擊長島銀行的生計。

為了存活，長島銀行找上作者協助重新定位。作者利用語意差別法（Semantic Differential Technique）進行研究，請長島地區的客戶說明哪些因素會影響他們選擇往來的銀行。由於商業銀行的存款和放款利率都差不多，所以價格在銀行業裡幾乎沒有影響力，但有其他重要的因素：

一、銀行有很多分行
二、銀行的服務項目廣泛
三、銀行的服務品質優良
四、銀行的資金充裕
五、銀行對長島居民有助益
六、銀行對長島經濟有助益

研究結果發現，長島銀行在第一～四項上全軍覆滅，完全不敵化學銀行、北美國家銀行、歐美銀行、大通曼哈頓銀行和花旗銀行。但是，在和長島地區相關的第五～六項，長島銀行則全部拔得頭籌。

作者在書中一直強調，「**根據定位理論，你必須從消費者願意給你的地方著手**」，所以以這個案例來說，客戶願意給長島銀行機會的地方在於它立足且深耕於長島，至於銀行的規模、資金、服務項目等，則是長島銀行難以和大銀行匹敵的弱點。瞭解這一點後，長島銀行推出的廣告針對可施力的地方下手：

> 假如您住在長島，何必將您的錢存到市區裡的銀行呢？…不存在市區的銀行而存在「長島信託」，因為「長島信託」是為長島地區居民設立的。畢竟，本銀行致力於長島地區的發展。本銀行的目標不在曼哈頓島，更不在科威特境內的小島。請您自問，您認為誰最關心長島地區的未來發展？難道是立足於大都會區，業務遍及五大洲，分行屬以百計，最近才入侵長島地區的大銀行嗎？（以下略）

還有：

如果景氣變得很壞，市區內的大銀行會不會因此從長島地區撤走？

經過這樣的廣告宣傳後，十五個月後長島銀行再做一次同樣的問卷，此時長島銀行在上述四個落後的項目都有明顯提升，業務量大幅提升。

	定位前長島銀行排名	定位後長島銀行排名
銀行的分行很多	6	1
銀行的服務項目廣泛	6	4
銀行的服務品質優良	6	4
銀行的資金充裕	6	1
銀行對長島居民有助益	1	1
銀行對長島經濟有助益	1	1

表 3-1 ／根據《定位》一書製表，共六家銀行參與排名

所以，定位時要思考在你選擇的市場裡，你的潛在客戶真正在意的是什麼，然後針對這些去訴求。下一章我要以譯者為例，顯示如何使用 STP 分析架構。

為什麼細分、選擇市場很重要

談到 STP，很多人第一個反應是：為什麼要細分市場和選擇市場？這樣我的潛在客群豈不變少了？

細分才能精準有效

表面上來看，細分市場的確會讓你的目標受眾變少，但實際上並非如此，因為所

謂的「潛在客群」是指可能需要或對你的產品或服務有興趣的人。如果某些族群完全不可能需要你的產品，他們就沒有任何「潛在性」可言。如果是這樣，你的行銷資源就不應該花在他們身上，應該更精準地放在其他更可能需要你產品或服務的人身上。

另外，對許多公司和企業的規模來說，某個細分場其實仍然很大，若真能在裡面成為佼佼者，營業額和淨利仍然可以很高。這個道理對自由工作者來說更是如此。自由工作者的規模比許多公司小很多，相對於某個細分市場來說我們很小，這也正是為什麼市場裡通常還會有其他競爭對手，因為市場「養得起」你們。倒是，如果我們對市場發送的訊息不夠精準，反而容易被市場拋棄，這才是我們要極力避免的。

電視廣告的問題

電視廣告最為人詬病的問題，就在於它無法精準地只顯示給可能需要的人看，並且依此計費。例如，衛生棉的廣告照理說應該訴求的對象是成年女性，但實際上所有男性都曾在電視看過衛生棉廣告。換句話說，當男性在電視看到衛生棉廣告時，那實際上是無效的行銷。問題是，電視台收費時並不會因為這些廣告無效就不收錢或打折，因為電視台無法確切知道當廣告播出時，看到的女性和男性究竟各自是多少，甚至也很難得知他們的年齡（女性到了更年期就不需要衛生棉，但他們也看到廣告了）。

後來有人嘗試解決這類問題，方法是在電視上安裝收視紀錄器，也是收視率調查普遍使用的方法，藉此蒐集更多民眾看電視的「數據」。不過這種方式有很多問題，得出的數據也不夠精準，對投放廣告的公司來說，很多錢花得不夠值得。相對於電視廣告，網路廣告之所以更受廠商青睞，就在於它能夠更精準地將廣告放投放給潛在客群，而且收費方式較彈性，讓廣告商花的錢有更大效益。

細分才能服務到位

細分市場的另一個好處是，可以讓你的服務更到位，更貼近客戶需求。我和譯者互動的過程中，發現許多譯者並未認真思考過細分市場，以及不同類型客戶有哪些不同特性，導致他們工作很久後仍未發展出自己的市場策略，還是和剛入行時一樣哪裡有案子就往哪裡去，一直在「忙、茫、盲」中度過。至於新手，常見的狀況是認為自己資歷尚淺，還沒有資格去細分與挑選客戶，因此沒有花時間想過這些事。

其實，無論資歷深淺，你都應該在一開始就用 STP 的架構看待市場，這樣才能概覽市場全貌，以及你要往哪一個目標邁進。例如，假設某位譯者根據一些標準，將翻譯的市場細分成三個次級市場：

1. 出版業
2. 本地化遊戲產業
3. 本地化非遊戲產業

從這個分類裡，我大致上可以猜想這位譯者對出版業沒有特別的興趣，所以沒有針對出版業再做更細的分類。但是，他將本地化分成遊戲產業和非遊戲產業，表示他應該對翻譯遊戲比較有興趣。但其實，他可以再分得更細：

1. 出版業
2. 本地化遊戲產業大型跨國公司

3. 本地化遊戲產業區域型公司
4. 本地化非遊戲產業

根據他的分類，我再將「本地化遊戲產業」細分為「本地化遊戲產業大型跨國公司」與「本地化遊戲產業區域型公司」，變成四個次級市場。我之所以這樣分，是考量到遊戲產業裡的大型跨國公司，例如暴雪娛樂（Blizzard Entertainment），是否可能因為需要本地化的語言種類和各式服務繁多，從而強化了它們對語言供應商的議價能力，連帶影響在產業上游的譯者的稿費。如果這個現象的確存在，那麼這樣的分類對有志於從事遊戲本地化的譯者就有意義。如果譯者很在意稿費的名目價格，那麼就該挑選較無法以量制價的遊戲公司的案子。但是，有些譯者更在意案源的穩定性和總量，那麼選擇大型跨國遊戲公司，也許比較適合他們。

細分並非絕對

從前面的討論可知，不同的人可能對同一個大市場有不同的細分結果，但無論怎麼分都反映出你對市場觀察的深入程度。例如，「價格」是許多產業重要的細分標準之一，但在銀行業卻並非如此。現在不管你去哪一家銀行，存款和借款利率基本上大同小異，所以價格無法準確將市場再細分成幾個有意義的次級市場。

另外，市場細分也可能因為時間而調整。以前面衛生棉的例子來說，過去由於性別平等意識還不夠強，女性的衛生棉通常都是自己買。但近幾年，男性為女性伴侶或家人購買衛生棉的情況越來越常見，所以衛生棉廣告未必只能投放給女性看，男性也可能是重要的族群。在這種情況下，衛生棉的使用者（女性）和購買者（男性），已經分屬不同族群，而這在行銷裡是非常重要的洞見。

女性為自己買衛生棉和男性為女性買衛生棉，兩種情境到底會不會影響購買結果？有些男性可能只是「遵照」伴侶指示購買，自己並不參與決策；但也不能排除有些男性廣告看多了、產品買久了，自己對於如何分辨產品好壞也「略懂略懂」，進而主動參與了購買決策。這時候衛生棉廠商就要思考，市場上是否漸漸出現一群「為女性決定購買衛生棉或用品的男性客群」，以及這群人有多少，購買頻率有多高，他們是否足以在市場上形成有意義的次級市場。如果答案是肯定的，那麼業者該如何訴求這群非典型的衛生棉買家，他們是否會想透過幫伴侶買衛生棉而傳達出什麼嗎？例如關心、呵護或體貼？

許多細分市場都是這樣憑藉著對市場的觀察和洞見而來，洞見越深越能夠挖掘到別人沒有看到的機會。當然，在知識和訊息擴散迅速的當今社會裡，所有原本只有一小批人看見的東西，時間夠久都有機會變成人盡皆知的道理，這就是為什麼原本的藍海市場會變成紅海市場，產業裡也有常見細分市場的分類方法。但是，細分市場有趣的地方就在於市場一直都在悄悄地變化，而最先看到有意義的細微變化並做出回應的人，就有搶先一步佔據特定的細分市場，獲得巨大機會。

第 4 章｜譯者的 STP 分析：細分市場

細分譯者客戶的標準

瞭解 STP 的架構後，本章要和讀者分享我如何細分譯者面對的市場。再強調一次，該如何分類沒有正確答案，你當然可以有自己的看法和分類。講到譯者面對的市場，我通常會以價格和可近性來分：

- **價格**：指客戶願意且能夠付的價格。一般來說，購買翻譯服務的客戶都會在意價格高低，所以對客戶來說價格是一個有意義的分類標準。至於從譯者的角度來看，價格則會影響我們的收入。

- **可近性**：指客戶是否容易接近。有些客戶譯者較容易接觸到他們，有些則不容易接觸。從譯者的角度來看，可近性會影響我們獲得客戶（案子）的成本。許多譯者常把重點放在價格，但我認為可近性才是許多譯者一直無法開拓出除了翻譯社和本地化公司以外的客戶的最大原因。

譯者接觸客戶的四類管道

可近性對譯者來說非常重要，很大程度決定了譯者事業發展的榮枯。我在這這裡先將譯者可用來接觸客戶的管道，根據可近性程度分成四種：

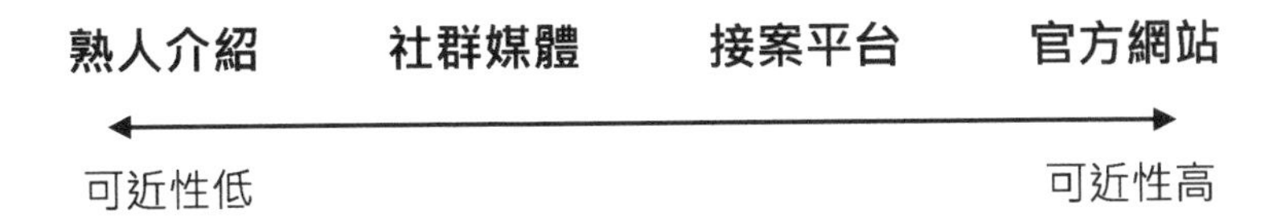

圖 4-1 ／可近性光譜上的四種途徑

接觸客戶的四種途徑

1. 官方經營的網站：官方網站只是一個統稱，泛指譯者可輕易取得的客戶公開聯絡資訊，所以實際上不只限於官網，在臉書上的粉專也在此內。譯者透過潛在客戶的官方網站，即可取得對方聯絡資訊主動聯繫，且這類客戶經常性需要譯者提供翻譯服務。這類客戶的 AIDA 通常是這樣：

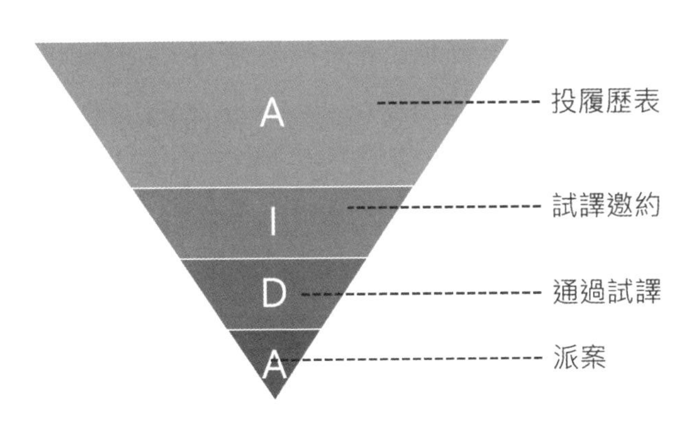

圖 4-2 ／透過翻譯社或出版社官方網站接觸客戶的 AIDA

2. 第三方接案平台：許多企業會透過接案平台尋找譯者，它們出現在平台的目的很清楚，就是要找譯者，對譯者來說它們也是很清楚的訴求客群。不過，有些平台會在媒合前就先收取會員費，可近性自然比公開徵才稍低。這類客戶的 AIDA 通常是：

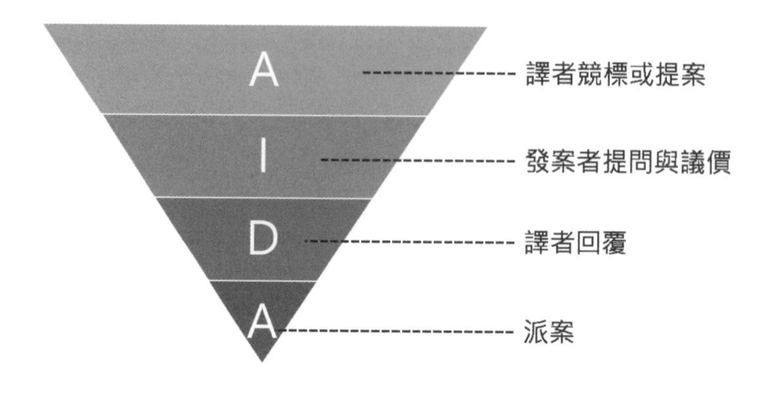

圖 4-3 ／透過接案平台接觸客戶的 AIDA

3. **譯者經營的網站**：有些客戶雖並非天天需要翻譯服務，但翻譯對它們來說非常重要，加上過去和翻譯社合作的經驗不佳（這種情況不少見），所以願意多花點時間自己尋找合適的譯者，並直接和譯者接洽。除了請熟人介紹之外，它們也會在網路搜尋，因此有機會看到譯者在社群媒體的貼文和留言。已經有不少譯者告訴我，客戶是搜尋到他們在網路寫的文章才主動接觸他們。這種途徑屬於拉力式行銷，譯者無法事先知道潛在客戶在哪裡，但可以用客戶可能感興趣的內容吸引它們。這類客戶的 AIDA 通常是：

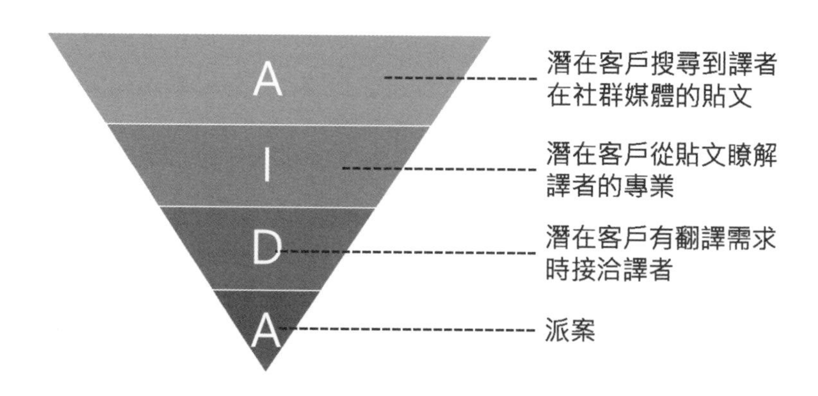

圖 4-4 ／透過社群媒體吸引客戶的 AIDA

4. **熟人介紹**：當客戶不想透過翻譯社委託案子，他們最常見的作法是請熟人介紹，希望熟人可以幫他們引介可靠可信的譯者。從譯者的角度來看，這個現象表示你應該讓周遭親友知道你在從事翻譯工作，同時讓他們知道你認真又負責。前面說過，只有當親友認為推薦你會讓他們有面子時——最起碼不要讓他們丟臉——他們才會幫你介紹客戶。這類客戶的 AIDA 通常是：

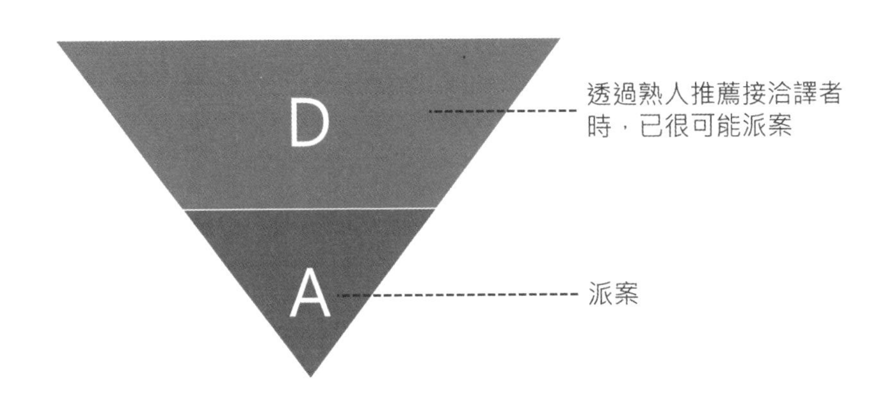

圖 4-5／透過熟人認識客戶的 AIDA

熟人介紹的 AIDA 只有最後的 D 和 A 階段，前面的 A 和 I 因為有熟人背書而跳過了。此外，由於熟人基數較小，所以整個漏斗也比前面的途徑小很多。

四種途徑與推力式行銷和拉力式行銷的關係

在這四種可近性各有高低的途徑裡，官方網站和接案平台屬於推力式行銷，社群網站和熟人介紹則屬於拉力式行銷。前面說過，推力式行銷的本質就是廣告，這就是為什麼投履歷表和接案平台的機會雖多，但成功率（轉換率）通常不高。除了因為這些網站的可近性較高，能夠和你競爭的人自然會比較多，還有一點很重要的是我們天生會對廣告存疑。所以，如果真的要用「廣告」的途徑來呈現自己，應該想辦法讓它看起來可信。根據我的經驗，廣告要看起來可信，最好的方法就是讓它確實可信。

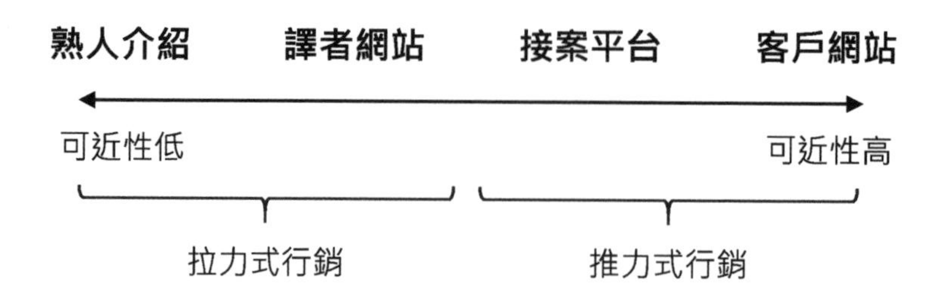

圖 4-6／可近性光譜與推力式行銷與拉力式式行銷的關係

廣告未必是問題，價值才是關鍵

近年來有些廣告做得很吸引人，即使一開始你就知道那是廣告，仍然會選擇繼續看。為什麼？因為廣告裡面也有你感興趣的內容。另外，也有一些「業配文」會在一開始就聲明那是廠商資助的行銷活動，透過資訊揭露的方式反而提高受眾對內容的信任感。由此可知，廣告本身未必是問題，推力式行銷也未必都不好，重點是你提供的內容是否對潛在受眾有**價值**，有價值關係才能走得下去，這是顛撲不破的道理。

價值的種類很多，有些價值是有趣，有些是讓人獲得有益資訊，有些則讓人感動。廣告做得好不僅可以加快產品擴散的速度，也讓真正需要產品的人從中受益。相信你一定有類似經驗：買了某個A產品後，才發現有另一個B產品更適合你。對B產品的經營者來說，他們未能及時把產品訊息傳遞給你，這是他們應該自我「檢討」的地方。

我寫部落格已有兩年，每次寫作時心裡最重要的問題是：這篇文章對我的讀者有什麼價值？身為寫作者，我當然有我主觀上想寫的內容，但無論這些內容是什麼，都要服膺「一定要對讀者有價值」這個最大前提。不管我提供的是免費的部落格文章或付費的軟體，我時時刻刻都把受眾的使用體驗放在最重要的位置，這一點和我提供的東西是免費或付費的完全無關。

譯者常見的四類客戶

根據前述我認為最重要的兩個細分翻譯市場的標準，也就是價格與可近性，我將我自己與譯者和我分享過的部分客戶，以二維座標圖畫出來。

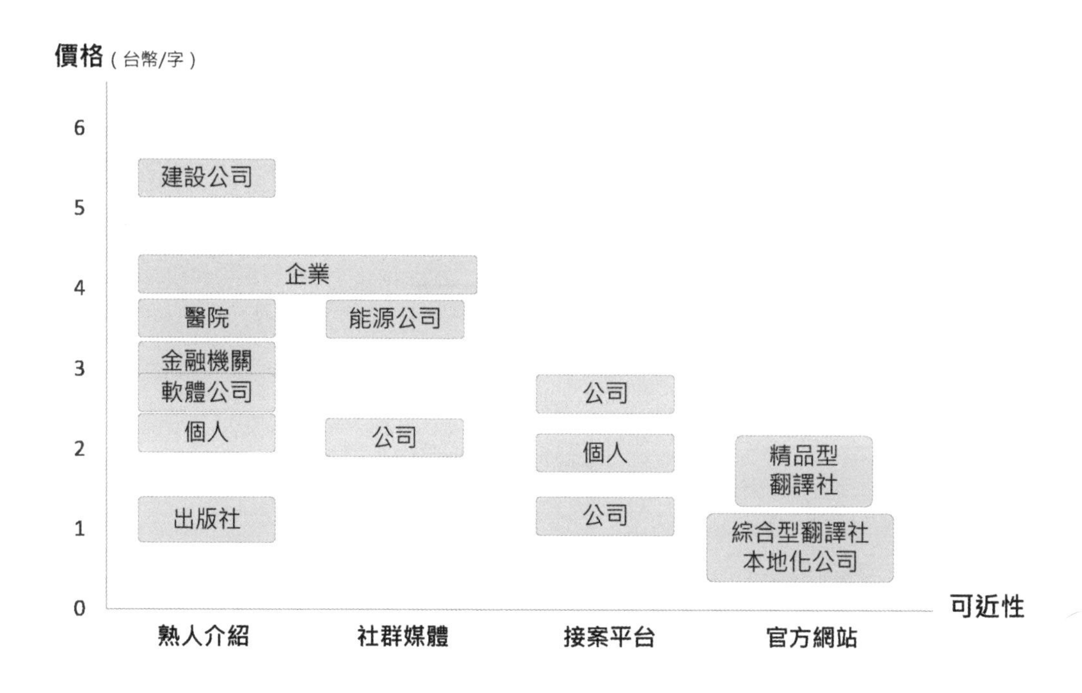

圖 4-7／以價格為縱軸和可近性為橫軸畫出的譯者客戶座標圖

上圖的客戶數量有限，但仍可讓我們看出市場上的端倪。據上圖，我將譯者的客戶大致細分成四類。分類時，我以譯者至少能夠得到一個好處來分：

- 可近性較高，也就是譯者獲取客戶的成本較低。
- 價格較高，也就是譯者獲得的收入較高。

另外，我單獨將出版社列為一種客戶類型，後面會說明原因。

大致上來說，譯者越容易接觸到的客戶，我們能拿到的價格越低；越不容易接觸到的客戶，有機會拿到較高的價格。換句話說，這張客戶分類圖顯示自由譯者是**靠犧牲價格換來可近性**。為什麼許多譯者願意和翻譯社、字幕公司或本地化公司合作？答案是它們比較容易接觸，且能提供穩定案源。就這一點來說，譯者和上班族很像，上班族也是用穩定來換取較低的總收入。如果曾用時薪計算上班族的薪水，會發現他們的時薪一般來說並不高。

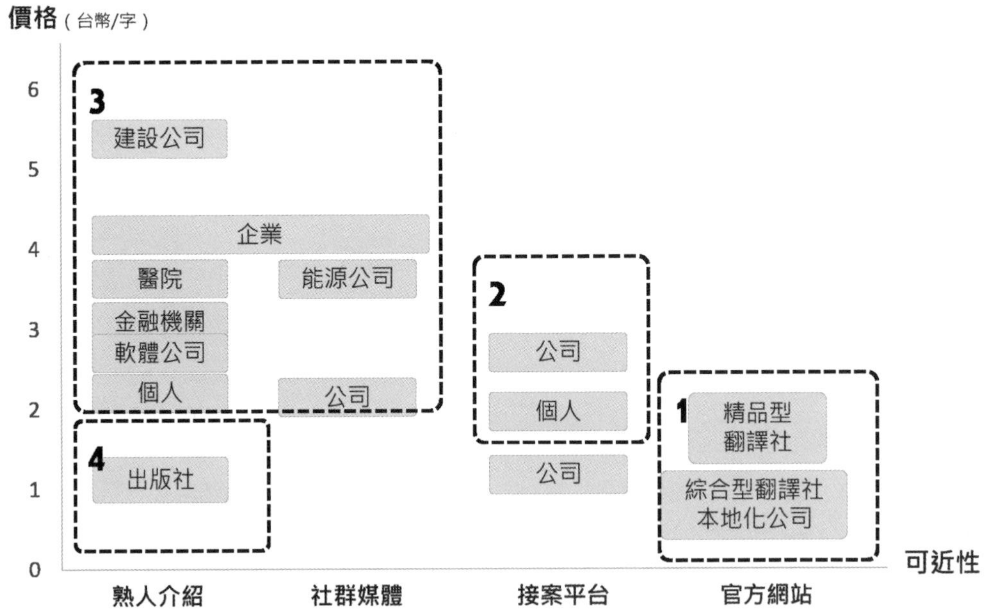

圖 4-8／以價格為縱軸和可近性為橫軸畫出的譯者客戶座標圖

1. 可近性高，價格不高：翻譯社、本地化公司、精品翻譯社

譯者最容易主動接觸到的潛在客戶，是一年三百六十五天都需要譯者的翻譯社和本地化公司，它們也是許多譯者剛入行時最容易想到的一類客戶。這些公司都有官網，甚至有專門的徵才信箱和線上試譯機制，譯者若有興趣很容易聯繫它們。這類客戶往往有專門的人負責收取、閱讀、初步篩選履歷表，所以你很可能在第一次寄履歷表時就寄給正確的對象了，非常精準。如果注意履歷表的每一個細節，在信件主旨、求職信和履歷表上好好著墨，獲得試譯機會就會大幅提高。

這類客戶的工作節奏快、案量大，提供的稿費範圍通常很固定，譯者若能接受客戶常見的要求，例如學習使用軟體、按照定格式翻譯、準時交稿、譯文達到一定的正確度，基本上不太需要擔心案源斷炊。部分客戶因專攻的領域發展快速，例如遊戲本地化，對人才的需求更是旺盛。但是，需求旺盛不表示客戶就會「飢不擇食」，畢竟翻譯社和本地化公司的管理成本很高，可以的話它們都想找到能讓它們不用太傷神的譯者合作。

這類客戶的商業模式是從客戶給的總金額裡抽取一部分，以支付營運成本和賺取利潤，對譯者來說屬於間接客戶。間接客戶抽佣的比例不一定，但五〇％不算罕見，有些可能達到七〇％。我常聽到譯者認為這個比例不合理，因為我們直覺認為譯文主要由譯者產出，照理說譯者應該拿大部分或起碼一半的酬勞才對。

但實際上，翻譯的成本不只有譯文產出，還有很多大大小小的支援服務，這些服務都牽涉可觀的人力物力。雖然機器翻譯和翻譯輔助軟體已經引入業界多年，企圖降低人力成本，但語言產業一直都屬於勞力（腦力）密集的產業，人力成本一直都很高，譯者只是其中一部份。

和一般中大型翻譯社不同的是，有一些小型翻譯社或翻譯工作室，鎖定特殊領域或需求的客戶（又稱利基市場），所以相對有能力給譯者較高的價格。一般稱這些翻譯社為「精品型翻譯社」。這類翻譯社的成員通常不多，提供服務的語言配對和領域也可能不多，例如行銷、文創、精品、珠寶等，也不服務大量或急件。這類翻譯社除了公開徵才之外，也會仰賴合作譯者介紹同儕給它們。

本地化公司也很類似，但本地化公司屬於龐大的本地化產業的一部分，而且位居不同層級的本地化公司肩負的任務都不盡相同。有一本書叫"The General Theory of the Translation Company"，非常推薦有志在本地化產業發展的人購入細讀。這本書沒有中文版，你可以在亞馬遜網站找到這本書。我將在本書最後分享該書觀點。

2. 可近性高或略低，價格有機會較高：接案平台

譯者獲得潛在客戶的另一個常見方法，是透過第三方的接案平台。如前所述，有些接案平台要求使用者必須先繳一筆會員費，才有權利瀏覽或出價競標案子，因此可近性稍低。104 外包網、ProZ、TranslatorsCafe 等都屬於這一種。不過，也有越來越多平台不要求預繳會員費，例如 Upwork 或 Fiverr，而是收取固定的手續費或佣金比例。

譯者在接案平台上，開始有機會直接接觸到真正購買翻譯服務的客戶，也就是所謂的直接客戶。直接客戶大多是一般公司企業，當然也有個人，但數量通常較少。這些公司企業來自不同產業和領域，也有不同的規模。和直接客戶合作，最重要的地方是譯者有機會第一手接觸客戶，中間不用透過翻譯社，可直接瞭解客戶的想法和需求。

有些人視和客戶溝通為畏途，但瞭解、貼近客戶需求是所有事業成功的關鍵，這一點在各行各業都是如此。當我們瞭解客戶到底想達成什麼目標和任務，且能夠

透過翻譯幫助他們達到目標，就有機會獲得更高的價格，客戶也因此可能成為回頭客，或更有可能介紹其他客戶給你。

另外，要注意接案平台的設計和機制將影響平台生態甚劇，有些機制天生會讓價格快速走低，有些則容易吸引低價客戶，有些則能突顯人才之間的差異。我將在後面的章節更進一步分享不同平台的差異。

3. 可近性較低、價格較高：公司企業、個人

根據我的經驗，會自己主動找譯者的企業客戶，不少人是因為和翻譯社有過不愉快的合作經驗，所以決定自己直接和譯者接洽。這些客戶往往並非語言產業人士，所以當他們需要譯者時，最常見的作法是在自己的社群媒體徵求親友介紹，相信大家三不五時也會在自己的臉書，看到朋友在幫別人徵才。所以，譯者應該讓身邊的親友知道你在從事翻譯工作，分享這份工作的酸甜苦辣，並適時讓大家知道你對工作非常認真負責。就像前面說的，沒有人想介紹客戶給可能讓自己沒面子的人，以免影響自己的形象。

熟人介紹是譯者獲得新客戶有力的途徑，因為透過 AIDA 架構可以知道，熟人介紹可以讓潛在客戶省略前面 A、I 兩個階段，直接走到後面的 D、A 階段。這就是為什麼熟人至今仍是非常重要的途徑，因為熟人已經幫我們「背書」到一定的程度。

但是，熟人介紹的問題是熟人的基數通常不夠大，只靠這個途徑獲得的客戶通常不夠或來不及支應我們的生活，最起碼在入行的初期是如此。如果你和我一樣屬於內向人士，對於公開表達自己的想法也會覺得害羞，可以善用社群網站擴大自己的「熟人」基數。我認為社群網站很棒的一點是，即使只有一面之緣的人，只要相互加入聯絡人清單後，你們可以透過社群網站和對方保持「聯繫」。所謂的聯繫未必是真的一對一的互動，但你的動態可以曝光在對方面前，而對方也可以

透過你的動態瞭解你。在過去，我們的熟人圈幾乎僅限於日常生活中有實際互動的人，但現在善用社群網站可以擴大我們的「弱連結」。

人際關係有強有弱，從溝通互動頻率來說，可以大致分為強連結和弱連結。美國社會學家馬克・格拉諾維特（Mark Granovetter）在一九七四年提出弱連結理論，強連結通常是你互動頻繁的家人、同事、客戶，弱連結則是認識但少有往來的同學、朋友、朋友的朋友、親戚、參加過你舉辦的活動的人、在活動中認識的人、交換過名片的人等等。過去，弱連結很少在日常生活中有交集，但有了社群網站後，屬於弱連結的人仍可持續與我們產生交集，

我們很容易直覺認為，強連結比弱連結有用，但已有許多研究證實，能夠為你帶來新機會的人往往出自於弱連結。格拉諾維特的研究顯示，你很少見面甚至一年可能只見一次面的人，對於你找到工作有更大幫助。所以，如果你希望獲得更多的直接客戶，第一步就從自己的社群網站下手，謹記你的動態要提供價值給別人。當然，如果你希望你的聯絡人更有機會介紹客戶給你，就要適時且不吝於展現自己的專業。相信我，當你給別人的東西真的有價值，對方就不會認為你在和他兜售東西。

除了親友介紹之外，有越來越多客戶是透過搜尋引擎找到譯者的貼文，進而聯繫譯者合作。我們都有過用搜尋引擎做研究、看評價的經驗，需要翻譯服務的客戶也是如此。國外有一位譯者在 ProZ 分享說，他架設個人網站並維繫數幾年後，現在他所有客戶全都來自網站的訪客和回頭客，他完全不需要透過翻譯社獲得案子了。所以，在不違反保密原則下，適度在臉書、推特、LinkedIn、部落格或個人網站，分享自己工作上的專業與心得，長期來說對你會有很大的幫助。這個途徑可以幫你開啟與更多「熟人」以外的機會。

當客戶先透過網路認識你後才來接洽，表示他對你有一定的瞭解和好感，這和你

用推力式行銷主動接洽客戶有很大的差異，你們雙方的關係也會更平等，價格上也往往更有討論空間。例如，上圖有一個客戶是「能源公司」，這個客戶當時是透過網路搜尋到譯者的網站，並讀了幾篇譯者寫的文章，看出譯者對能源領域確實具有一定程度的瞭解。過幾個禮拜後當客戶需要翻譯，便聯繫譯者洽談合作事宜。類似的例子越來越多，這種途徑也越來越重要。

在這個分類裡，客戶是一群來自不同產業且差異很大的客群，它們有不同的需求和目標，付費能力也可能天差地遠。如果你想不透過翻譯社等中間商接觸到客戶，同時希望打破熟人介紹的侷限，那麼 STP 裡的第二個步驟「選擇市場」就非常關鍵。

4. 可近性最低，價格不高：出版社

台灣翻譯外文書的比例很高，佔每年出版總書種約二十五%，共約八千種書。書籍翻譯屬於出版業的一環，出版業的商業模式和屬於語言服務產業的翻譯社和本地化公司很不一樣，它們最大差異在於出版社的客戶是一般消費大眾（讀者），翻譯社和本地化公司則以公司企業為主。這個差異讓它們的商業模式徹底不同，運作和獲利的邏輯也不同。

我聽說國外有些譯者專門接個人（2C）的翻譯，例如幫個人翻譯各式政府申請表格，或幫研究生翻譯論文，但一般來說，自由譯者的客戶大部分仍是公司企業（2B），所以瞭解 B2B 商業模式的經營對我們來說很有幫助。如果你想更瞭解這方面的知識，非常推薦你讀《B2B 業務關鍵客戶經營地圖》這本書，書中詳細說明當你的客戶是公司和企業時，該如何經營你的工作和職涯。

從譯者的角度來看，翻譯書籍的好處是譯者可以掛名，而且書籍出版後就沒有保密問題，譯者可藉透過書籍為自己行銷，建立起在讀者的能見度，這是其他類型的翻譯較難擁有的附加價值。另外，出版社絕大多數都透過熟人認識譯者，主要

原因之一是書的篇幅長，一年能夠出版的書種有限，加上書的出版週期比一般文件翻譯長很多，從翻譯到校對完畢通常至少一年，因此對新血的需求不像翻譯社那麼大又急迫，所以才能夠用熟人介紹這種速度很慢的方式找譯者。因此，譯者若對書籍翻譯有興趣，要多結交出版業的朋友，否則就要另闢蹊徑接觸出版社。

為什麼瞭解客戶很重要

我曾推薦一位認真負責的譯者給一家金融機構，但當時譯者很忙，所以打算暫時婉拒，等下次有空再接。我和譯者說：「這個客戶本身就是專業法人，願意給的價格也比大多數客戶高，你如果無法接我就只好推薦其他譯者，但我相信這種機會若落到別人身上，就很難再回頭找你了。你要不要再想一想？」譯者一聽覺得很有道理，於是想了變通方式，找也在當譯者的另一半一起接下這個案子。他們倆把案子處理得很好，客戶的主管還特地表示非常喜歡這位譯者的譯筆，他們至今仍和這家金融客戶合作。

這位譯者認真守信，推薦他讓我很放心。他以翻譯書籍為主，這個案子是他少數非出版社的客戶，他從這個客戶得到的稿費和出版社差了幾倍之多。同一位譯者，同樣的認真，但他從不同類型客戶得到的稿費卻差很多。譯者後來和我說：「客戶是誰真的差很多！」知名譯者洪慧芳在他的臉書粉專 Back to basics 分享過某本書裡的一段話：

> 身為攝影師，我很快就意識到，一張售價一百美元的照片和一張售價一萬美元的照片，對我來說付出的心血差不多，差別在於我把作品賣給誰。

這段話在很多領域也是成立的，這就是為什麼瞭解市場非常重要，因為你可以知道自己正在哪一個次級市場，以及有意識地朝其他你更嚮往的市場準備和前進。

一般來說，我們可將商業模式分為 B2B 和 B2C。市場上當然也有 C2C 或 C2B 的商業模式，不過這裡只談 B2B 和 B2C。B2B 是 Business to Business 的簡寫，意思是企業對企業的生意，有別於企業對消費者 Business to Consumer 的生意。B2B 和 B2C 在運作邏輯上有很大差異。自由工作者可能認為自己只是「個人」，因此不屬於 B2B 範疇，但我認為如果你對工作很有期待，就直接把自己當成公司吧！這裡的重點其實不在於你是個人或法人，而在於你的**客戶**是個人或法人，因為決定你的事業性質和發展策略的不是你，而是你的客戶。如果你的客戶是 B，你就應該用 B2B 的精神和它們互動，即使你只是一個人或一人工作室。

我在寰宇新聞台看過一則新聞：過去，不少年輕音樂家都靠在郵輪演奏維生，但二〇二〇年因疫情衝擊，郵輪都不開了，許多音樂家頓失收入來源。於是，有些人串連舉辦線上音樂演奏會，嘗試在困境中謀得一條新出路。其中一位年輕的台灣籍音樂家受訪時說的話讓我印象深刻：

> 其實我們都是 entrepreneur，因為我們的 business model 就是這樣，所以遇到危機我們要去應變。

我對這句短短的話印象深刻。這一群音樂系所畢業的人，畢業後哪裡有商演機會就去表演，就和大多數的自由工作者一樣。但是，當他們認為自己是一個企業時，很自然就有如**企業般的作為**（act like a business）。換句話說，他們的思維改變了他們的作為。這段話還點出，這些音樂家之所以把自己認知成企業家，是因為他們知道自己的商業模式。商業模式點出了我們在市場的位置，以及該如何在位置上為客戶創造價值，進而為自己帶來收益。

其他細分市場的方法

細分市場的方法不只有一種，也並非只能細分一次，你可以依照你對市場的觀察層層細分下去，分到足以讓你在下個階段的「選擇市場」，選出一個次級市場切入。前面的分類方式和結果只是我自己的分類，你可以依照你對市場的觀察提出不同分類，但無論你選擇細分的標準是什麼，這些標準都必須能夠為你劃分出有意義的差異的客戶群。此外，隨著你對市場的瞭解越來越深刻，你的分類標準也可能改變，或發現之前的分類不夠精確，這些都是很正常的。其他常見用來劃分企業客戶的標準有以下：

企業統計結構（firmographics）

1. 產業：客戶屬於哪個產業？產業特性如何？毛利相對較高或較低？客戶在產業裡的哪一個位置，是上中下游的哪一段？客戶的產品是什麼？客戶的客戶是誰，是企業還是大眾消費者？客戶所在的市場狀況如何？
2. 地理位置：對某些產業來說地理位置的影響很大，例如製造業，但對語言產業來說，地理位置的影響也許相對不顯著，或和特定語言比較相關。至於有哪些相關，以及地理位置對你的潛在市場來說是否是一個有意義的分類標準，則需要你深入瞭解。
3. 階段：客戶目前處在哪一個發展階段？是新創、擴張還是成熟階段？一般來說，新創公司除非拿到很多投資資金，否則它們付費能力通常不高。處在擴張階段的公司則是不錯的客戶類型，因為它們為了擴大市場通常較願意花錢購買許多服務，包括翻譯。成熟階段的客戶有時候很在意縮減成本，因為它們的市場已經成熟，可以開拓的空間有限，容易往削減成本的方向思考。

4. 風格：客戶是保守／積極、官僚／開明、緩慢／迅捷等，這些會影響你和客戶合作時的溝通成本。通常越積極、開明、迅捷的客戶，溝通成本越低。

行為

1. 用途：客戶購買翻譯服務的用途是什麼？是用在庶務性（產品手冊、年度報告）、行銷性（募資文案、公關稿）或市場開發（本地化）的情境？有些公司對於庶務性的支出預算抓得很緊，對有機會帶來銷售的支出預算則可能比較寬鬆。
2. 目標：客戶購買翻譯服務想要達成什麼好處或避免什麼壞處？有時候客戶購買翻譯服務是出於法規規定，有些則是為了開發市場。這兩種是很不一樣的目標，不同目標會影響客戶付費意願。
3. 金額：客戶每次購買的金額多少？每年購買的總金額多少？每年購買的金額呈上升或下降趨勢？
4. 頻率：客戶每年購買的頻率如何？有沒有淡旺季？如果有，購買翻譯服務的淡旺季和客戶營運本業的週期有何關係？
5. 決策過程：客戶決定委託案子的過程為何？他們習慣上網找譯者，還是透過熟人找譯者？找到潛在譯者之後，他們都用什麼方式確認譯者是否合格？確認後，要經過哪些人核可才會正式委託？誰是最後的決策者？決策者在公司裡是什麼職位？整個過程需要多長時間？你是否能直接和決策者互動？哪些人可以影響決策者？這部分和前面說的「可近性」相關。

Termsoup 的例子

以我經營 Termsoup 的經驗來說，我會將譯者分為書籍譯者和非書籍譯者，其中非書籍譯者又可再分成本地化譯者、技術文件譯者和一般文件譯者。不同類型的譯者對翻譯輔助軟體的期待和需求都不太一樣，有些甚至彼此衝突。我在二〇一六年五月開始開發這個軟體時，對譯者的瞭解其實不夠完整，僅從我個人翻書的經驗出發。雖然曾訪談過譯者，但當時訪談的問題深度，也因為我對市場的理解有限而受到侷限。直到一年後，我才逐漸對於翻譯輔助軟體的市場有更全面的瞭解，也因此發展出上述的對譯者的分類方式。也許再過幾年後，我對市場的理解更深入，或市場起了變化，我的分類方式又改變了。

當你帶著意識練習劃分市場時，其中一個很大的效益是你更有可能看到市場的全貌，因為邏輯上你必須先努力看到大致的輪廓，才有可能去細分它。也許你眼中的全貌並不完全，也許你的分類不夠精準，但不需要為此氣餒，因為沒有人可以一開始就把市場看得很清楚。但是，當你帶著「努力看到全貌並加以細分」的意識開展你的職涯時，會發現你的視野將變得很不一樣，能夠創造的機會也變得不一樣。

以翻譯輔助軟體來說，過去人們習慣只有在中大型文件或本地化內容的翻譯，才會用得到這種工具，沒有人認真想過如果書籍翻譯也使用這種軟體的情境。當然，之所以會有這種現象，主要是因為這種軟體一開始就是從本地化產業發展而來，軟體的規格和功能都是以本地化產業的情境為設想對象，許多設計自然以本地化翻譯為主。但是，許多譯者翻譯的是書籍、小說、散文、詩歌、食譜等，仍然有提高生產力的需求，畢竟誰都希望在其他的條件不變下，時薪能夠提高或生活品質可以提升。從這個角度來看，「本地化產業」和「出版業」的分類標準譯者來說一點意義也沒；不管譯者面對的客戶是誰，來自哪個產業，我們都會想改善自己的工作流程。

不過，書籍譯者、技術文件譯者和本地化譯者，由於客戶要求和工作習慣不同，對軟體的期待確實不太一樣。接下來我會在 STP 的另外兩個階段「選擇市場」和「市場定位」，說明不同譯者有哪些不同的需求。

譯者訪談　簡德浩

說起簡德浩，你未必知道他是誰，但說起“Howard”，很多人都聽過他的大名。Howard 是一位口譯員，但他不僅在口譯圈很活躍，在主持、英語教學、顧問、創業等都有廣泛涉足。

訪問 Howard 讓我印象最深刻的是，他是個非常願意且樂意和客戶一起成長的人，心裡想的永遠都是如何幫客戶「使命必達」。為了讓客戶得到最完善的服務，他不怕接觸新領域，學習新技能，變成一個你很難用幾個關鍵字就定義出來的「百變怪」！

問：除了翻譯和譯者，你還在哪些領域斜槓？

包括演講、講師、出版（作者）、會展（Certified Meeting Professional 證照）、簡報顧問、創業、社群媒體（Facebook、IG、YouTube）、演藝（這塊很初步，還在努力中）。

問：你從譯者身份斜槓到其他領域的契機是什麼？

分兩層次談。起初誤打誤撞，只是因為喜歡在社群媒體分享翻譯專業相關心得，又因為當時臉書專頁還不普及，經營起來有曝光優勢，逐漸吸引到一些讀者，而有讀者和流量意味著被看見，得到關注。隨著翻譯工作接觸到不同領域，分享在專頁的內容也因而越來越多樣，接觸到對不同領域有興趣的讀者。除了翻譯客戶，開始有演講、教學邀約，而經驗帶來了更多信任和連結，而後還有了出版的邀約，我也很樂於嘗試新事物，也就逐漸跨足到越來越多新領域。

第二個層次則是臉書專頁紅利期過去後，認真思索專頁的定位，有意識使用社群媒體流量作為商業宣傳和品牌營造的工具。很快發現「譯者」類型的讀者數量有限，而我希望多方拓展，也想擴大影響力和知名度，就需要開展更多潛在受眾，於是加入英文教學的元素。坦白說這一層次尚在努力中。因為前一層次多處在被動模式，而隨著前一層次嘗試和開發的領域都有了經驗，接下來要怎麼連結這些經驗，創造出好的商業模式，就是現階段的核心問題了。目前較直觀的模式除了口筆譯服務，還有販售預錄式線上課程，以及實體收費活動。正在設計或許搭配社團類高互動經營，以及訂閱方案等商業模式，還在評估。

問：譯者身份和翻譯專業對你在其他領域斜槓的助力是什麼？

物以稀為貴。也許職業的本質使然，多數譯者行事為人都比較低調。相較之下，浩爾這個品牌顯得稀奇，社會上定位自己是公眾人物的口譯員不多，大多是其他職業人士為名人口譯時得到關注，而多出「口譯」這樣代表外語能力優異的標籤。筆譯專業讓我的文字能應需求受眾而彈性調整，也因為工作接觸臨摹過許多不同體裁文件，對文書溝通的概念優於只接觸特定類型文件的工作者。口譯專業則讓我對不同場合的應對進退較有概念，對話來往和公眾表達都能清楚溝通，再延伸至主持、廣播、面對鏡頭錄影或直播互動都相對容易。

問：你如何開發出其他斜槓的舞台和機會？

常是被動而來。客戶需要英翻中，我英翻中。客戶需要中翻英，我一開始有些不確定自己的稿件品質是否夠好，後來努力查找資料，諮詢信任意見，而後客戶滿意，逐漸累積信心。客戶需要翻譯法律合約，我買書來學英文合約格式和法律英文。客戶接著問能不能寫英文行銷文案，我一開始頭有點大，但想說照著競品網頁抄抄改改，再跟行銷高手討論，也可以把產品故事說清楚賣出去。客戶接著說要拍行銷影片，需要英文台詞，我說喔這簡單，還好我已經會中翻英。客戶求救，浩爾是翻譯，感覺外國朋友比較多，有沒有人可以來當演員？我開始到外國人社團徵求，把資料整理成 model card，成了經紀仲介。

以上模式可以持續延伸到多個協槓領域，可以說是工作推著我成長。我從一開始為拓展收入而延伸業務範圍，到現在各類業務都相對有經驗，反而要開始思考該將心力集中在哪些面向，比較各選項的效益，以免顧此失彼。

問：如果要用一句話形容你在工作上的身份，你會如何形容？

百變怪。面對不同對象、場合、和機會，我會選擇用不同的方式介紹、定位自己。內心只要確定這些看似不同的外顯底下，都是同樣的核心：語言專業和正向社會影響力，就沒有問題。

第 5 章｜譯者的 STP 分析：選擇市場

每個細分過後的次級市場，對翻譯的需求和期待都不太一樣，譯者自身狀況與條件也都不一樣，選擇市場時通常會根據以下幾個部分來考慮。

專業領域

如果你具備某個專業領域的知識，便可訴求該領域的客戶，因為相較於其他譯者，你在這個領域更有優勢，更瞭解該領域的產業狀況、工作流程和客戶期待。以專業領域當作選擇客戶的依據，一個很大的好處是你可以很快知道誰是你的潛在客戶，甚至可能已經有人脈了。很多時候自由工作者之所以「不知道客戶在哪裡」，是因為我們沒有熟悉的領域，不知道該往哪裡下手。一旦有專長的領域，便知道該去哪裡找潛在客戶，甚至知道他們都在談論、關心什麼，也具備加入他們談話的能力，有利於建立互信基礎。

在網路時代，幾乎每一類客戶都有現成的網路社交圈，當然也有對應的實體社交圈，加入這些圈子可提高我們接觸到潛在客戶的機會，大幅減少「亂槍打鳥」的機率。你想得到的各類型產業和企業，無論是醫學機構、能源公司、電子商務公司等，也都有各自的網路社群或實體活動，你若擅長哪一個領域，應該想辦法接觸它們。例如，出版社會參加書展、舉辦新書發表會或舉辦藝文活動，如果你對翻書有興趣，甚至對某家出版社的出版方向特別有興趣，你應該去參加它們的活動認識它們，並讓它們知道你可以協助它們。

從客戶的角度來說，它們都希望雇用到最專業、最相關的人來幫助它們。先撇開翻譯不談，就以法律來說好了。雖然每一位律師都讀過法律學位並考取律師執照，但當你打算移民到英國時，你不僅會想找移民律師幫助你，最好還是一位擅長英國移民的律師，你不太可能去找專利律師來幫你。這個道理在翻譯也是如此，每個客戶都希望自己找到最貼近他需求的譯者協助他，「什麼都可以翻」的譯者反而容易引起他們的疑慮，尤其當你的客戶是來自特定產業的專業人士。但對這些客戶而言，它們心目中對「專業」的認知絕對不只有翻譯這一門技術，還包括要對客戶的專業領域有所熟悉。甚至，由於各行各業都有自己的生態和規則，所謂的專業也包含了這些隱性的知識和素養。

該廣泛培養通才，還是深化專才？

我聽過譯者強調，我們必須當通才，必須什麼領域都能翻；我也聽過其他譯者強調，我們必須當個專才，深化特定領域才能提供到位服務。所以，到底哪一個才對呢？其實這個問題還是必須回到前面說的，重點在於你的客戶是誰，這裡並沒有放諸四海皆準的答案。舉例來說，一本對大眾讀者來說讀起來有相當難度的物理科普書，看在物理學教授眼裡可能就像看漫畫一樣輕鬆，因為專家每天接觸的內容難度遠高於科普書。

以書籍譯者來說，我們的客戶是出版社，而出版社出版的書通常是給一般大眾閱讀的。給大眾讀的書通常需要具備好讀、好懂、好消化的要件，不適合出現太多艱澀的內容，也因此一個雖不是理科出身，但翻譯經驗豐富且很用功的譯者，是有可能把科普書駕馭得很好。這也是為什麼絕大多數的時候，我看到的都是書籍譯者認為譯者應該當個通才。但對文件譯者來說，他們的客戶往往來自各產業的公司行號，客戶委託的翻譯很多是要給企業內的專家閱讀，這些專家本來就擅長各自領域裡的艱深內容，對於翻譯是否到位也更為敏感與挑剔，所以通常主張應該發展專才的人，以文件譯者居多，尤其是和產業裡最專業的企業或機構合作的譯者。

所以，在判斷該怎麼做時，最好的方法都是先對焦你的客戶，判斷客戶買你的翻譯服務是為了什麼用途，才能知道怎麼做最適合你。

興趣

如果你先前沒有特別培養的專業領域，不表示現在不能培養。你可以依照興趣或其他你在意的考量點，選擇一個領域投入。發展專業領域需要時間，但若認真培養，短則一、二年，長則三、五年，就可以讓你發展出與其他人有所區隔的專業和利基。不過，在根據興趣發展專業領域時，建議還是先瞭解該領域的客戶對翻譯的需求概況，以及在哪裡可以找到客戶。有些領域看起來不為大眾所熟知，整體產值可能也不高，但由於注意到這個領域的譯者很少，或能夠勝任的人很少，對譯者來說不失為一個「小金礦」。曾聽某位譯者分享，某些宗教團體的翻譯很少人涉足，所以該領域的譯者案子多到完全做不完，而且價格通常比較高。

比起一直找不到方向和利基，選擇一個領域鑽研是值得的投資，因為它可以幫你聚焦，也能讓你在客戶眼裡的品牌和形象變得鮮明起來。在耕耘某個專業領域時，除非該領域的門檻較低，否則你終究會遇到挑戰性比較高的部分。遇到挑戰不要灰心，反而要反向思考：就是這樣的高門檻，才能讓你和其他人有所區隔。另外，從興趣下手選擇領域的好處是，它可以讓你在遇到困難時較能堅持下去。

Olivia 是一位以翻譯醫療領域為主的口譯員，平日有空閒也會接筆譯案子。很多人羨慕他現在專接高單價的醫療案子，但如果你知道他的故事，就會知道一切並非幸運。他不是醫學院出身，也沒有相關工作經驗，十多年前開始花時間培養醫療類專業知識，甚至將醫學院大一、大二必修課的書都徹底讀過，如今才能夠和專業醫療人士討論醫學內容。每當我分享他的故事時，大家都會瞠目結舌地說：「他居然做到這個地步！」。正因為他做到這個程度，現在才能勝任非常高難度的醫療翻譯，而且實際上他也涉足過法律專業，所以現在的他實際上可以做醫療與法律重疊的翻譯工作。關於專業，這裡有幾點說明：

1. 做過幾個相關案子不等於具備領域專業

有些領域的案子很難也很專業，但做過幾個難度高的案子，不代表我們就對該領域有系統性的瞭解。想要發展出專業的深度，需要相當時間不斷投入時間與心力，才能達到與相關專業人士對話的程度。

2. 譯者所屬的語言配對競爭越低，相對越不需要發展專業領域

發展專業是為了讓你聚焦，並在 STP 下一個階段－定位－製造出與同儕的差異。所謂的差異，當然不只能呈現在專業領域，語言本身也可以是一種差異。當市場裡某一種語言配對的競爭者較少時，比方說在台灣的印尼文翻中文，那麼這組語言配對目前就足以讓譯者在市場上製造足夠的差異，這時候譯者對於利用專業領域製造差異的迫切度就會相對降低，因為潛在客戶能夠選的譯者相對稀少。

但是，如果在台灣的你以英翻中為主，那麼你就是在一個非常競爭的語言配對裡，這時候你就比印尼文翻中文的譯者，更需要用其他方式製造差異，發展專業領域就是你可以思考的方向。

3. 持續進修，多與專業人士往來

不論你現在對某個專業領域有多熟悉或毫無所知，持續精進相關知識必不可缺。有些領域發展很快，如果你認為它很有前景就不要排斥跟上腳步，並主動結識該領域的專業人士，讓自己與業界的步伐維持在同一水準。持續學習的確辛苦，但

也是你打造「護城河」（門檻）的最好方法。低門檻的領域很多人都可以涉足，甚至機器也可以參與，但高門檻的領域才能有效製造差異。

競爭度較低的市場

小語種語言的市場，例如瑞典文進中文，通常競爭程度較低。在這種市場裡，由於供需數量都不多，加上供需雙方要找到彼此也較不容易，所以相對不需要考慮選擇市場和定位的問題。或者反過來說：由於客戶沒得選，所以譯者才不需要選擇細分市場和發展定位。

在台灣，口譯也有類似情況。和筆譯相比，口譯市場的案件數量少很多，能夠提供口譯服務的口譯員也比筆譯少很多，所以客戶的選擇有限。在這種情況下，口譯員確實比筆譯員更沒有選擇市場和定位的迫切需求。

所以，到底該不該發展某個專業領域，要看你所在的市場競爭程度而定，沒有絕對的標準答案，你必須根據對市場的觀察來判斷。就算是同一個語言配對，在不同市場也可能有截然不同的結果。在台灣，一位英翻中文的譯者需要選擇領域和定位；但如果他人在阿拉伯國家，並以當地人為主要客戶來源，很可能就不需要靠領域來差異化。

但是切記一點：客戶沒有選擇不代表他不想選擇。我們每個人都希望找到最貼近自身需求的服務，這一點是人性。所以從長遠來看，不管你做哪一組語言配對或哪一種翻譯，給客戶更符合他需求的服務，絕對是每一位想提升職涯的人都要思考的課題。

報酬

在考量該發展什麼領域時，報酬也是重要的一環。發展專業領域需要相當的時間與心力，所以本質上來說是一種投資。既然是投資，我們自然會考慮報酬。一個領域的報酬高低主要和市場供需有關。以語言配對來說，目前美國翻譯市場價格最高的配對是日進英、韓進英和阿語進英，最低的則是西進英和法進英，這些配對的價差可高達十倍以上。

一位美籍譯者和我說，他在讀翻譯所期間就知道日進英的價格最高，這就是為什麼當年他再苦，也堅持要學對他來說很難的日文，而不是去學很多同學選的西班牙文。二十年前，美國日進英的價格可達每字〇・五美元，約台幣十五元。現在價格雖然不如以前高，但仍有〇・五美元，約台幣六元。表面上他的稿費貶值很多，但和其他語言配對比起來，他的價格仍然羨煞很多人。

根據美國聯邦政府在二〇一八年的報告，以下是美國政府向本地化公司採購翻譯服務的價格。請記得，這是美國政府付給本地化公司的價格，不是譯者實際拿到的價格，譯者實際拿到的價格自然比較低。但即使如此，這張圖仍能說明目前美國語言服務市場的價格和趨勢。

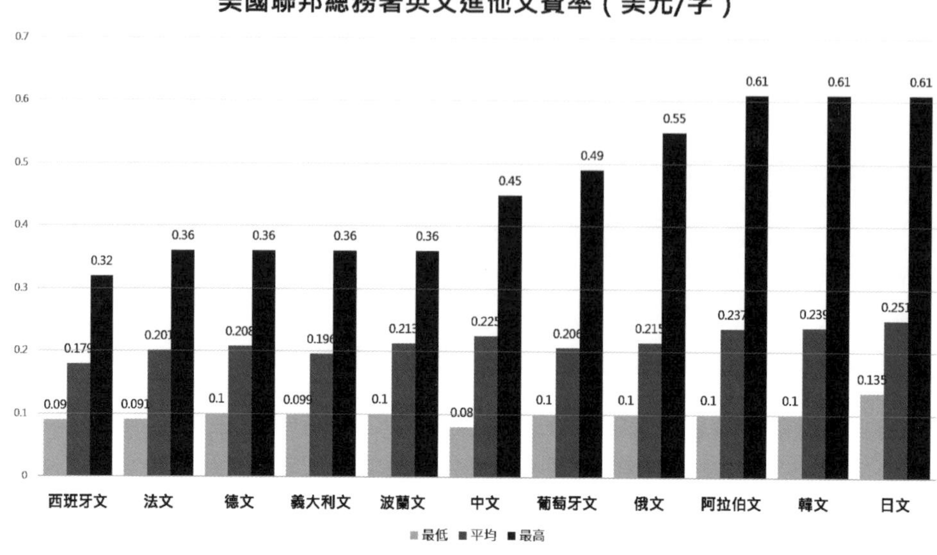

圖 5-1／二〇一八年美國聯邦政府付給語言服務供應商的價格。從這張圖來看，在最低和平均價格上，各語言配對的價格差異不算太大，但在高價的部分則差異極大。

選擇領域時，最好盡可能做功課並請益該產業人士，瞭解你要投入的領域的市場狀況。當然，就和選擇創業題材一樣，不管我們事前做多少功課都有極限，別人告訴我們的資訊也未必能反映全貌。但是，「投資」前盡可能廣泛研究和聽取相關人士的意見，還是勝過什麼功課都不做。

醫療譯者 Olivia 告訴我，他做了醫療翻譯多年後，才發現醫療翻譯可以再細分成幾個次級市場，例如護理師、醫生、醫院管理人員等，這些不同客群能夠付的單價也有很大的差異。以他服務的領域來說，單價比大多數醫療翻譯高很多，而這個次領域的價格之所以如此高，在於這個市場的整體需求雖然不高，但能夠提供合格服務的譯者卻更少。不過，Olivia 並非一開始就如此瞭解醫療產業。他雖在投入前就做過研究，但對產業的深刻瞭解，則是在投入後與產業人士深入往來，才真正瞭解這個產業的產業鏈和分工。

譯者訪談 *Olivia Chan*（一）

前面多次提到 Olivia，因為他的故事讓我印象深刻，我也曾邀請他辦講座和譯者分享他拓展職涯的心路歷程。我很感謝他鉅細靡遺分享學習過程，讓我們瞭解舞台上所有的成果，都是舞台下日復一日的積累才有的。

Olivia 和許多譯者一樣，生性十分低調，但他對客戶的觀察入微和貼心，卻並沒有因此而減少。由於他的客戶都是專業的醫生和頂尖的醫院，他知道這些客戶需要什麼樣的工作態度和配合度，他也都盡可能協助，因此十分得到客戶信任。以下是他的訪談。

問：你為何選擇專攻醫療領域？

我一開始並沒有設定醫療領域當作市場定位，最初的動機很單純：我想要賺錢賺得輕鬆一點、荷包成長快一點、脫離不太有錢但也不會太拮据的財務狀態。

剛畢業時，我很死心眼的都在翻譯書，因為那是我最熱愛的事情；然後過了很多年吃不飽、餓不死的生活，也讓自己熱愛翻譯書籍的癮徹底得到滿足，才能放手嘗試其他可能性。我無意抨擊任何產業給翻譯員和口譯員的薪水，在接受將近十年的金融投資訓練之後，我很明白也很能接受，在自由市場經濟的環境中，每個市場的供給、需求特性不一。

書籍翻譯市場的產值、規模、能提供給翻譯員的薪資、稿費、付款條件等等，大約就是大家看到的這樣。剩下的其實是要翻譯從業人員自行決定要不要投入這樣的市場，賺取這樣的薪資但獲得無限的知識滋養這類的無形資產。或者大家需要想一想，書籍翻譯的經歷有沒有更有創意、能為其他類型翻譯工作加分的利用方式產生附加價值，而不是執著在稿費收入上面。

我一開始只是想找出能「讓我荷包比較快長大」的案子。我想知道哪些種類的案子稿費或口譯費用比較多，看了國內外人力銀行、翻譯論壇的廣告、貼文之後，發現「少數人敢承接」的案子，通常都是案主急著找人、很少譯者敢接。在當時，這種案子的領域通常都有一個特點：**案主希望譯者具備該領域相關的背景**。換句話說，除了要能轉換兩種語言，還要懂那個行業。

在當時，我覺得我能透過自修或是其他在職進修課程累積背景知識、雙語詞彙的領域包含法律、專利、醫學、寫程式。寫程式我很快就發現自己沒有興趣也沒天分，因此很快就決定放棄；法律部分除了完成法律學分班課程、取得國考資格，也申請上國內的法律研究所在職班，專攻英美法，但發現法律圈的生態不太適合我，也就中途放棄學業、放棄司法國考。最後落腳在醫學領域真的是誤打誤撞。

我剛畢業時，兒時好友正好在美商藥廠擔任臨床試驗的專案經理，找我進團隊擔任外部翻譯員。我必須老實說，第一份案子的內容我其實看得似懂非懂。除了專有名詞很多查不到之外，沒有背景知識是最大的弱點。沒有背景知識，就算搜尋到詞彙也不確定是否正確，因此搜尋和確認方面會花非常多時間。我當時是看這次的案子是什麼疾病，就先花時間把那個疾病的體系讀一讀，再來做翻譯，但這樣的模式進步速度太慢。

後來，我很單純地想不如把基礎知識都讀完，這樣以後就不用每個疾病都從頭找一遍資料，因為我有足夠的背景知識。當時，我還請教了經常關照我的家庭醫師，問他醫學生都去哪裡買書，就因此開啟了漫長的自學、讀書旅程，也確實在幾年的累積後，搜尋資料、製作詞彙表的時間和精力依照經驗值而逐漸下降。後來我才知道，原來**系統性的學習方法是最有效率的，我從整個基礎科目下手其實才是最不繞路的作法**。

這樣累積了大約三、四年之後，身邊的朋友也知道我在自修，只要想到跟醫療、健康有關的主題就會主動推薦給我，後來開始接到醫學出版公司的醫學會議紀錄工作。我趁著工作之便常常把資料搬回家，再繼續慢慢讀。這個階段，大多是一邊有全職工作、兼著接案子。再過了三、四年，就有出版社編輯找我翻譯有點難的精神科醫學為主題的書籍，也有醫學出版公司找我做精神醫學新藥發表的醫學會議錄影中英文字幕「聽打英文字幕、翻譯中文字幕」。

這時我才發現，醫學領域的案主其實經常找不到合適的譯者，也因為產業本身的特殊性，所以開價都比其他領域高許多。加上這時候已經累積了快八年的知識吸收、經驗累積期，到後面開始真的是案子漸漸找來，而不是需要主動出擊開發客戶。當然，前提是每次都盡心盡力做好份內工作、也要注意人際關係的培養和維持。

我想分享的第一件事情是，在任何行業中，**任何「門檻高」的位置都有可能是值得仔細評估要不要好好耕耘的藍海／利基**。門檻高意味著競爭者相對比較少，意味著通常你能有機會直接面對客戶組織內的決策者。

我想分享的第二件事情是，每個行業本身的產值、產業規模、客戶本身的獲利能力不一樣。說白話一點就是，每個客戶的荷包尺寸不同，荷包比較飽的，當然願意花出去的給協力廠商錢也相對會高一點。你真的認識你的客戶嗎？你能回答上面這些問題嗎？你設定的收入目標，是目前的客戶能夠提供的嗎？至於少數荷包很飽但對協力廠商很小氣的客戶，就爽快放生吧！下一個會更好，真的！

我想分享的第三件事情是，在自由市場經濟中，**想要從別人的口袋中拿到錢，講究的是你情我願**，這也是所有買賣行為的其中一個基本原則。我知道很多人會覺得，客戶要求翻譯不僅要具備產業的專業知識，還要會口譯筆譯，也要求太多了吧！我知道。十多年前的我也因此覺得忿忿不平，覺得客戶並不尊重譯者十多年的語言專業養成，覺得自己過去的累積到底算什麼。

我知道，這些感受我都經歷過。但是，在我過去從事業務開發的經驗裡，經歷過把一個市場從零個客戶，做到能夠打進公立學校的外籍師資供應鏈、親自成交無數個合約，其中不乏成交數個同業間一致認為成交難度超高的產品，同時接受長達十年金融投資學習和實戰的洗禮與改造。

自此以後，我深深明白要想從別人的口袋拿到錢，光是告訴對方「這個價錢是市場行情」、「我們這個行業就是如此」這一類說法，真的無法每次都讓你成功說服客戶心甘情願的把錢掏出來，也不容易獲得超額報酬。如果客戶不是真心認同購買的翻譯口譯服務物有所值、認同這個價格，客戶很容易轉單，也不太可能提高費用。

翻譯口譯員就是服務供應商，我們能做的是觀察在你選定的這個領域中，市場上的客戶有哪些需求、開出哪些條件，留下你可以接受的、淘汰你不能接受的，這是你淘選客戶的過程。然後需要思考，自己怎麼提出差異化的服務，或是提供讓客戶信賴，甚至是無法拒絕的服務內容或服務條件，讓客戶願意一而再再而三的跟你購買你的筆譯或口譯服務。

再者，我們也必須承認，在現在的翻譯口譯市場中，由於教育普及和資訊大量流通，懂外語的人越來越多，譯筆生花、口譯功力精湛的譯者，不見得都要具備翻譯所的碩士學位。這表示在翻譯口譯市場中，提供翻譯服務的人只會越來越多，不會越來越少，這也意味著客戶的選擇會越來越多，不會越來越少，而客戶本身的需求可能維持不變。別忘了，以上還沒考量到人工智慧的加入對整個供需關係帶來衝擊。

我個人不會以鴕鳥心態去看待「人工智慧不會也無法完全取代真人翻譯口譯」這個說法，我認為這是套用二分法看待事情而產生的假議題。亞馬遜的物流倉庫導入智慧物流整廠技術後，也沒有完全取消人類員工的位置，但每個倉庫從原本數百員工的數字縮減到個位數。新技術只需要縮減市場對人力的需求，就夠讓我們繃緊神經應對了，更何況，當美國科技業大咖都已經討論到全民基本收入這種議題，如果平凡如我還盲目樂觀，我想過度天真的態度可能只會讓我未來的財務狀態暴露在更多更大的風險中。

我還想分享的是，不論是翻譯或口譯，都是沒有人力槓桿的產業，是典型的有做有收入、沒做沒收入的行業，獲利方式說穿了和薪水族沒有不同，卻幾乎沒有其他財務安全網可供支持，因此個人財務和職涯規劃時程表，越早做打算越省力。雖然脫離的企業組織感覺好像比較自由，但翻譯口譯工作在單位時間內的產值有上限，因為一個人的體力跟腦力真的有上限，案主願意且能夠提供的價格再高也有上限，因此最大的收入數字可以估算得出來。

如果維持一人接案的模式，無法產生人力或時間的槓桿，幾乎不存在「不需要再為了溫飽而工作」的可能性。我的身邊有非常多小商人朋友、不曾出現在檯面上的投資高手、副業不少的上班族小金主，對於我們在同樣期間內能夠獲得的收入到底可以有多大的差距，我個人有非常切身的觀察和對照。

譯者們出賣的時間只有一份，要達到更好的獲利，策略有幾種：一種是衝高單位時間的收入「找到並且勝任高單價的案件」，另一種是雇用員工放大人力槓桿，或是靠業外投資擴大收入。這邊說的投資不僅限於金融市場的投資。

我有朋友在會計師事務所擔任會計師，他還有另外兩個副業，一個是和家人合夥從國外代理保溫水壺，一個是和朋友合夥開的文青精釀啤酒館，目前已經經營到開了兩個店面。兩個副業的收入其實是他會計師本業收入的數倍，但他選擇繼續維持上班族的生活，同時槓桿化他的時間和人力。另一位朋友本業是科技業中階主管，副業是品酒師、酒文化深度旅遊策劃人，最近還在陽明山上經營休閒農場和餐廳。

自由譯者沒有企業組織的庇護，也沒有退休金這一回事，隨著年齡增長，體力腦力是否能時時在這種高強度的工作模式下持續產出獲利，都是我們必須及早認清的現實問題，並且早早思考、規劃，並且隨著大環境的改變而調整，打造自己下一個十年獲取收入的方式，甚至必要時也得考慮接受砍掉重練的選項。

第 6 章｜譯者的 STP 分析：定位

適度競爭才健康

選擇了某個次級市場切入後，接著就要思考我們在那個市場裡的定位。一般來說，除非你選擇的市場本身已經非常小，小到幾乎沒有其他競爭者，否則都需要思考定位。但實務上來說，若真的把市場切細到排除所有競爭者的程度，也可能表示那個市場實在太小了，小到可能無法給你穩定的收入。

所以，在你選定的次級市場裡，通常還是有競爭者。許多人一聽到「競爭者」就覺得可怕，但實際上要反過來想：沒有競爭者也許更可怕。當一個市場沒有其他競爭者，邏輯上有兩種可能：一種是你發現沒有人知道的藍海，另一種是你進入無法存活的死海。就實務上來說，後者比前者更有可能出現。所以，當你處在一個有競爭者的市場裡，反而可以確認這個市場「有利可圖」，而不是我們最不想踏進的死海。

當然，競爭者太多而變成血流成河的紅海，也是我們想加入的戰局。所以，在 STP 的前兩個階段「細分市場」和「選擇市場」若做好功課，可以相當程度減輕「定位」階段的難度。談到定位，我認為可以讓你最快瞭解定位是什麼的例子，非消費性商品市場莫屬。消費性商品市場競爭激烈，價格通常已經來到降無可降的程度，而且市場資訊透明，消費者「變心」的速度比翻書還快。在這類市場裡，業者不靠強有力的定位，很難在消費者心中留下印象。為了讓你更快瞭解定位，這裡我簡單分享台灣現煮咖啡市場的發展。

平價咖啡的經驗

在台灣，講到現煮咖啡你會想到誰？你會想到 7-11 City Cafe、星巴克、路易莎、Cama、85 度 C、丹堤或西雅圖嗎？如果你的年紀稍長，也許還記得曾紅極一時的壹咖啡。其實，你看過或聽過的現煮咖啡品牌絕對不只這些，但很多品牌卻讓你完全想不起來。如果我再問你，你對你叫得出名字的商家有什麼印象時，你會怎麼描述它們？

台灣現煮咖啡市場已經非常成熟，但如果不說，你可能不知道最早推出現煮咖啡的其實是統一超商，而且早在一九八六年就推出。當年統一超商還在電視打廣告，請來當時知名男星張晨光當代言人。但是，當時台灣對現煮咖啡的接受度很低，所以這次嘗試很快就以失敗告終。十二年後，統一集團引進星巴克，這才開始帶動台灣喝現煮咖啡的風潮。

<table>
<tr><th>年份</th><th>事件</th><th>市場狀況</th></tr>
<tr><td>一九八六</td><td>統一超商推出現煮滴漏式咖啡</td><td>市場反應冷淡</td></tr>
<tr><td>一九九七</td><td>西雅圖咖啡成立</td><td rowspan="2">高價咖啡市場出現</td></tr>
<tr><td>一九九八</td><td>星巴克咖啡進入台灣</td></tr>
<tr><td>二〇〇二</td><td>壹咖啡成立</td><td rowspan="2">平價咖啡市場出現</td></tr>
<tr><td>二〇〇三</td><td>85 度 C 咖啡成立</td></tr>
<tr><td rowspan="3">二〇〇四</td><td>壹咖啡成為台灣最大本土連鎖咖啡店</td><td rowspan="4">平價咖啡市場競爭者越來愈多</td></tr>
<tr><td>統一超商 CITY CAFE 成立</td></tr>
<tr><td>Cama 成立</td></tr>
<tr><td>二〇〇六</td><td>路易莎成立</td></tr>
</table>

年份	事件	市場狀況
二〇〇七	CITY CAFE 成為台灣最大本土連鎖咖啡通路	CITY CAFE 成為外帶平價咖啡龍頭
二〇一九	路易莎店面數超越星巴克、85 度 C	路易莎成為本土咖啡品牌龍頭

表 6-1 ／台灣咖啡市場簡史

如果請你用上一章的座標圖來畫販賣現煮咖啡的商家的位置，不知道你會怎麼畫？以下是我目前的畫法：

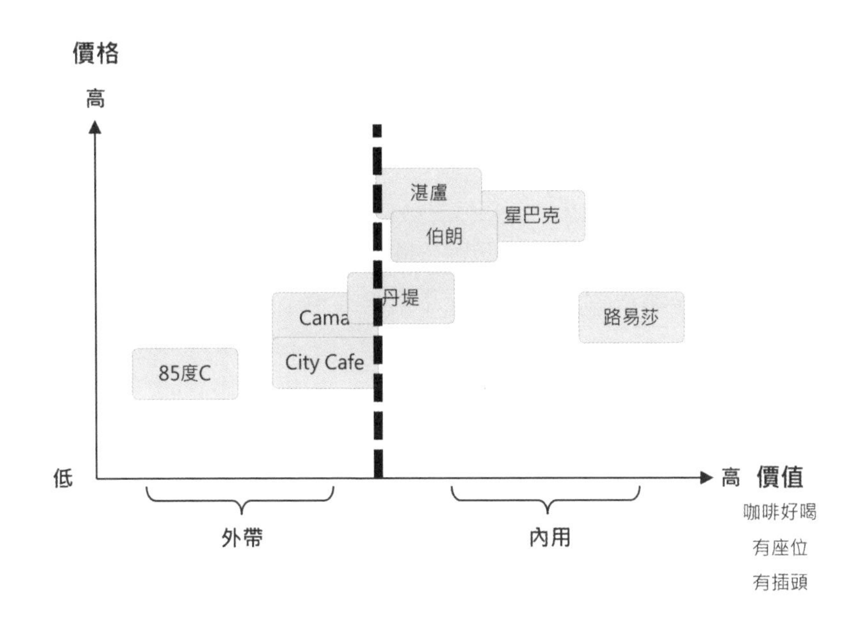

圖 6-1 ／台灣現煮咖啡品牌性價比

從上面的座標圖來看，以外帶為主的現煮咖啡較為平價，有內用座位的咖啡則價格較高，但有一個「特例」是路易莎，它位於座標上價格中等而價值偏高的位置。

路易莎和 Cama 一開始的定位很像，兩者都標榜平價，且都以外帶為主。但幾年發展下來，路易莎漸漸提高內用和餐點的比例而成為複合式餐飲，Cama 則仍以外帶為主，兩家公司鎖定的客群和定位因此開始有了區隔。

以我來說，當我人在外面需要找地方坐下來工作時會去路易莎，要買咖啡豆回家煮則會去 Cama。Cama 的店通常很小，座位也很少無法久坐，顯然以外帶為主。既然是外帶，那麼客人買的就是咖啡本身，所以不僅咖啡的品質要有一定水準，店員對咖啡豆的瞭解也要夠深入。我曾和 Cama 的店家攀談，對方表示許多到 Cama 消費的客人，剛接觸咖啡時常點拿鐵，喝了一段時間後改喝黑咖啡。再過久一點，有些客人喝出心得和興趣後，會買咖啡豆自己回家煮。Cama 一直專注在咖啡本身，也觀察到客人喝咖啡的幾個階段，因此透過空間設計、品項和人員訓練，明確傳達出自己的定位：以高品質現煮外帶咖啡主，另販售濾掛咖啡和咖啡豆。

相較起來，路易莎後來走了不一樣的路。除了咖啡，路易莎有不少輕食餐點，而且價格都很親民。你願意的話，可以從早餐、午餐到下午茶都在店裡搞定，而且店裡的插座通常非常多，帶著電腦或平板就可以在裡面打發一整天。餐飲業通常很在意「翻桌率」，希望客人吃飽就離開，好讓下一組客人進場消費。但路易莎並不特別追求翻桌率，這其實正是它們的策略。路易莎每一家店的坪效都經過精算，並刻意創造環境和誘因讓消費者長時間待在店裡，提高客單價金額。

所以，Cama 和路易莎的定位非常不一樣，它們在消費者心中的形象都非常鮮明：Cama 賣的是高品質的咖啡，路易莎賣的則是 CP 值比星巴克高的第三空間[1]。台灣的咖啡市場非常大，也有很多連鎖品牌以外的店家，有些店的規模不像連鎖品牌那麼大，但各自也有很明確的定位。例如，有些訴求的是公平交易咖啡，還有一些訴求支持流浪動物。無論它們的規模如何，只要能夠在消費者心中留下深刻印象的店家和品牌，就是定位成功的案例。

在為自己的工作思考定位時，有時候直接思考自己的處境比較抽象，因為我們已經很習慣用自己的角度看待自己的工作。這時候，不妨暫時跳脫出自己的工作，思考一下你平常接觸的各類產品或服務，想一想哪些牌子是你馬上叫得出口，以及為什麼。你也可以像上面那樣嘗試畫座標圖，把你想得到的品牌都標上去，接著看看你最常購買的產品是不是正好就落在座標上的最佳位置。有意識地去思考、分析常出現在你身邊的各種品牌，時時反問自己如何抉擇，將有助於你思考你在客戶眼裡的樣貌。

針對不同客戶，需要不同定位

針對間接客戶的定位相對單純

前面提過，定位時我們必須根據客戶認為重要、最有意義的標準來定位自己。以大眾消費性產品來說，價格通常是消費者很重要的考量；但如果是奢侈品，價格就往往不是最重要的考量，服務和客戶體驗（例如「尊榮感」）可能才是重點。換句話說，定位和產品有關，產品又和購買產品的潛在客戶族群有關。

譯者若與翻譯社、本地化公司或出版社合作，這類客戶在意的點通常相對單純，大致上不外乎品質、價格和速度的。由於這三個期待通常只能滿足兩個，加上這類客戶對價格都抓得比較緊，等於只能在品質和速度之間擇一。所以，和間接客戶合作的譯者通常出現兩種情況：

1 第三空間由美國學者愛德華．索亞（Edward Soja）提出，第一空間指的是居住空間，第二空間指的是工作空間，第三空間則是介於第一與第二空間中間的空間，供人們放鬆、休憩與社交的空間。星巴克前執行長舒茲在經營星巴克的過程中，發現咖啡廳有成為第三空間的潛力，所以在設計店面時就致力於將店內打造成第三空間的氣氛。咖啡的香氣、舒服的音樂、柔和的燈光、優雅的桌椅，就是星巴克打造第三空間的重要元素。

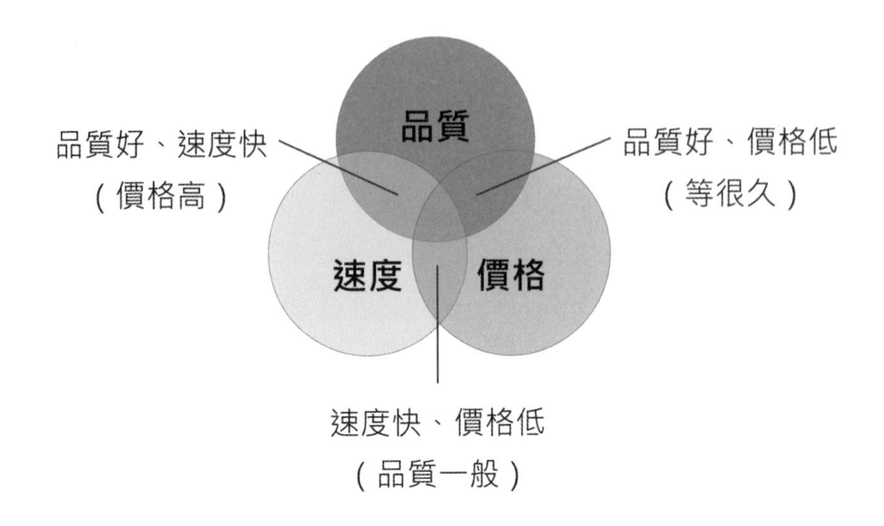

圖 6-2 ／從客戶角度看品質、速度與價格

1. 在價格不高的情況下，譯文品質好：這類譯者的案源穩定，甚至可能案子接不完。想要和這類譯者合作，客戶通常要排隊，而且可能排很久。另外，由於譯者的案子很多，選擇性也比較多，更有條件婉拒自己不那麼有興趣的案子或客戶。

2. 在價格不高的情況下，翻譯速度快：這類譯者的案源也可能很穩定，想要和這類譯者合作，客戶需抓好時程。有些客戶對速度和時程精準度的要求特別高，例如影集的字幕翻譯，因為一旦拖稿就可能讓節目開天窗。

品質、速度和價格是譯者在與間接客戶合作時，最容易用來自我定位的方法。我已經不只一次聽到譯者說，他們知道論品質永遠人外有人、天外有天，所以他們「差異化」的策略是「好溝通」、「準時」、「配合度高」等。如果你合作的對象是間接客戶，這些定位方式通常沒有什麼問題，因為客戶對譯者的要求相對「單純」（但並不簡單），只要把翻譯本身做好就可以了。但問題也正在這裡：

由於譯者能夠為間接客戶提供的附加價值很少，所以難以在價格和競爭力上有明顯突破。

針對直接客戶，需有客製化的定位策略

如果譯者的客戶是來自各行各業的企業和專業人士，也就是直接客戶，那麼客戶對你的期待很有可能超出翻譯本身。其實，很多時候客戶並不會明說自己希望你幫助他達成什麼目標，一來是客戶通常很忙碌，二來是客戶通常並不具備翻譯專業，不清楚翻譯除了語言轉換之外，還能夠帶來什麼額外的附加價值，三來是有時候客戶也說不清楚自己的目標。

賈伯斯曾說「客戶往往不知道自己要什麼」，亨利・福特也說「如果當年我問客戶要什麼，他們一定會說要一匹更快的馬。」福特的意思是，當年他若真的聽信了客戶的話，他就不會投入汽車業，因為客戶的思想框架裡只有馬，根本不知汽車為何物。這些名言錦句要表達的道理都很真切，但這並不表示客戶不想要一個更貼近他需求的產品。想想，自從汽車問世後，馬車就不再是主要的交通工具了。有時候，客戶說不出他具體想達到的目標，但那個目標卻是真實存在的。對任何一個創業家和自由工作者來說，釐清客戶的需求和想達到的目標，然後幫助他們達成目標，可以讓我們的職涯更上一層樓。

還記得前面口譯員簡德浩（浩爾）的訪談嗎？工作時，他想的都是如何幫助客戶達成目標（以客戶為中心），而不是身為譯者的他只會做什麼（以自己為中心）。當然，這個過程並不容易，而他透過與其他專家合作或自學，漸漸打開許多機會和可能性。我們往往必需深入瞭解客戶後，才能知道他們真正的需求是什麼。例如，醫療類客戶對翻譯本身的專業度要求本來就很高，但如果你知道客戶這次委託翻譯是想把某個醫療器材賣到台灣，再加上你長期專注在醫療器材的翻譯和市場，那麼也許除了翻譯以外，你還能介紹你認識的經銷商給客戶，讓它們拓展業務更順利。如果你很瞭解這個市場，甚至還有機會從中扮演更多角色，而這就是

你提供（高）附加價值的空間。

前陣子我演講後，一位譯者問我，客戶通常在找什麼樣的譯者？我告訴他，單就翻譯需求來說，客戶可以找到很多譯者，但客戶每次委託翻譯都不是為了翻譯本身，而是想透過翻譯達到另一個更大的目標。就我和我身邊客戶的經驗來說，客戶的目標通常和拓展市場有關，畢竟企業要存活就必須創造利潤，所以如果譯者可以在這部分幫客戶一下，將與其他譯者有明顯區隔，也更容易在客戶心裡留下鮮明印象，甚至因此開拓其他業務和收入。

常有自由工作者用「品質」來自我定位，但對客戶來說，尤其是直接客戶，品質本身其實不足以構成明顯的差異，因為客戶本來就期待品質應該要好。我很難想像有哪一個客戶，會期待自己拿到品質很差或尚可的翻譯，不管他付的錢是多是少。這就像我們花錢買東西一樣，即使你花的錢不多，你都無法接受自己拿到一個品質糟糕的產品。如果你的客戶是專業人士，我相信他更不能接受品質糟糕的翻譯。對他們來說，品質是必要條件，是基本的工作倫理。沒有品質你會被扣分，有了卻不一定會加很多分。所以，除了品質以外譯者還要思考用更能製造差異的方法，來為自己有效定位。

國外有一位譯者把自己定位成「擅長骨科的譯者」。他說，工作很長一段時間後，才發現如果他自我介紹是個「醫療譯者」時，他等於把自己放在與數以千計的醫療譯者一起競爭的局面裡，因此在客戶面前很難有特色。後來他仔細思考自己的專長，也盤點了過去各種客戶類型後，發現他的客戶（骨科醫生、骨科診所、骨頭研究人員）很在意譯者是否具備骨科的專業知識。這一點聽起來很理所當然，但實際上我們在經營自己的業務時，仍然需要經過思考和判斷才能看出這些洞見，或才能夠把洞見轉化為實際的經營方針。因此，當他深刻瞭解這一點之後，便直接了當地在他的網站呈現這一點，讓他的文案更容易被骨科專家搜尋到。果然，當他調整過網頁的內容後，就吸引更多同類型客戶找到他。原因無他，對這群專家來說，「骨科」比「醫療」或「醫學」更貼近他們的方向和需求。

在台灣也可以把自己定位成「擅長骨科的譯者」嗎？

看了上述例子，也許你心中有很多疑問，懷疑這樣的定位到底是「精準」，還是讓自己走進「死胡同」？我認為這個問題和其他問題一樣，都要從客戶的角度來回答。每個人都希望自己花錢買的服務不僅品質好，而且完全貼合自己的需求。所以，當兩位一樣優秀的醫療譯者站在客戶面前，客戶一定會選擇與自己所需最貼近的那一位。《定位》一書的作者說，在現今的市場裡，**萬事通等於萬事鬆**，我們要擔心的通常不是定位太清楚，而是定位不明確。

也許你仍惴惴不安，心想：「這樣真的可以嗎？如果我放棄『醫療譯者』，改把自己定位成『骨科譯者』，在台灣的市場會不會太小？」這個問題很好，但我能給你的答案是「你要自己去發掘」。台灣市場和歐洲市場確實不一樣，你能否靠「擅長骨科的譯者」順利定位，取決於你對台灣市場的瞭解。我不是以骨科翻譯為著稱的人，所以我無法告訴你台灣對於骨科翻譯的需求是什麼。我可以告訴你的是，我相信台灣需要懂骨科的譯者，但這個市場有多大，年產值多少，你能夠分到的一杯羹又是多少，你該透過什麼管道找到需要這類翻譯的客戶，你能否切入這個管道等，都需要你自己去探索。

這些問題都無法光靠用想的得到答案，上網查詢也往往很難得到有洞見的答案，通常很需要你親自和相關人士多交流請益才能瞭解。至於該如何和這些專業人士往來？除了多瞭解你既有的客戶外，參加相關的研討會或聚是個很好的開始。內向的人通常會預設和別人請教問題是在打擾別人，但實際上就我所知，只要是虛心求教且進退得宜，願意分享經驗和知識的人，其實比我們想像得多很多。

另外這裡要強調的是，即使你一開始以「擅長骨科」自我定位，也不表示你不能做其他領域的醫療翻譯，更不表示你永遠只能做骨科翻譯。定位的目的是聚焦，是讓你更有機會在客戶心中有立體突出的鮮明形象。但是，當你做骨科翻譯一陣子，在客戶心中累積出一定的品牌識別度和可信度後，心有餘力當然可以考慮擴大你的服務範圍。

幫助你定位的幾個問題

Termsoup 的例子

市面上的翻譯輔助軟體很多，所以當我決定開發 Termsoup 時，定位就是很重要的一環。要做好定位工作並不容易，非常仰賴你對客戶的瞭解程度。一開始，我把重點放在「良好的使用體驗」，因為我發現這類軟體大多功能繁複，操作起來並不容易，有陡峭的學習曲線，而且價格不斐。許多已經習慣這類軟體的譯者，通常都是在客戶要求下只好耐著性子學習使用，但對於客戶沒有提出要求的譯者來說，很多人要嘛不知道有這種軟體存在，要嘛嘗試接觸沒多久就被繁複的功能和高昂的價格嚇得退避三舍。所以，我一直將「良好的使用體驗」當成 Termsoup 與其他類似軟體的最重要的差異點，並盡可能在各個地方傳達這種理念。無論是網站的文案、色彩、圖片或設計等，我們都想帶給大家「Termsoup 很容易使用」的印象。

此外，由於 Termsoup 是採用雲端服務的收費模式，使用者可以平價的價格訂閱使用，不需要的時候也可隨時取消訂閱，不需要在一開始就付上萬元買一個不知道會用多久的軟體。訂閱制對雲端服務公司來說，挑戰是我們必須不斷優化、更新軟體，甚至提供良好客戶服務，否則使用者隨時可以取消訂閱另尋他途。

後來，我發現不論是國內或國外的譯者，書籍譯者對於軟體的採用率都偏低。國內外譯者都有不小的比例是非翻譯本科系畢業（例如我），這些譯者在校階段幾乎從未上過翻譯相關課程，就業後若未接觸到要求使用軟體的客戶（例如出版社），很難出現使用軟體的意識。因此，書籍譯者對軟體的瞭解和採用率都偏低，對 Termsoup 來說是一個空缺市場，且市面上的軟體都以本地化產業為設計考量，沒有任何軟體是以書籍譯者的工作情境和需求出發，因此我們更將 Termsoup 定位在「書籍譯者的良伴」。

翻譯輔助軟體幾乎都來自歐洲，因為歐洲各國有很頻繁的經貿往來，對翻譯有非常高的需求。在開發 Termsoup 時，定位問題是我和夥伴第一個遇到的重要問題。身為設計師，我的理念是為譯者打造出簡單易用，且功能恰到好處的軟體。在設計上，我推崇“Don't make me think”（別讓我動腦）的理念；在功能上，我強調「剛剛好」的功能，而非什麼都包。翻譯是一個位於各行各業十字路口的產業，翻譯不同內容的譯者對軟體規格的需求跨度之大，是我做了 Termsoup 後才深刻瞭解的，這也是為什麼這種軟體已經發展超過半個世紀，卻沒有哪一家軟體可以讓所有譯者滿意。也正因為在這種局勢裡，各家軟體都要有自己的定位，訴求適合的使用者，才能有效提高使用者滿意度。所以，Termsoup 適合的對象包括：

- 如果你已經翻譯了一陣子但從未用過翻譯輔助軟體，那麼 Termsoup 是你最好的選擇，因為這表示你不需要擁有幾百個功能的軟體，而是一個簡單夠用的軟體。

- 如果你是書籍譯者，那麼 Termsoup 是你最好的選擇，因為它是目前唯一在設計時將書籍翻譯情境考慮在內的軟體。
- 如果你是翻譯一般文件的譯者，Termsoup 也可能是你最好的選擇，因為你需要的主要功能它都有，但操作上更簡單很多。
- 如果你是翻譯本地化內容的譯者，Termsoup 可能無法滿足你所有需求，但在協作功能上仍然很便利。目前我遇到的情況是有些譯者覺得夠用，有些覺得不夠用，但無論如何都很歡迎你試試看。

Termsoup 並不完美，但我很欣慰很多譯者告訴我，Termsoup 如何改善他們的工作和生活。還有譯者告訴我，比起使用其他軟體，Termsoup 的介面更讓他覺得自己是個「寫作者」，而不只是流水線上的處理一個個字串的工人。這些回饋都讓我很感動，讓我在經歷無數挫折後還能站起來繼續下去。另外，二〇一九我和夥伴參加美國譯者協會六十週年年會，席間遇到知名品牌 Wordfast 的工作人員，其中一位主管半開玩笑地和我說：「你該來幫我們設計介面」。這句話也讓我很欣慰，因為這顯示做出好用的翻譯輔助軟體並非歐洲人的專利。

第 7 章｜商業模式畫布

創業時我看了不少商業書，其中一本是二〇一〇年出版的“Business Model Generation”，中文版書名是《獲利世代》，書中探討商業模式的分析架構：商業模式畫布。繼 AIDA 模式和 STP 分析架構後，這是我要在本書介紹給你的商業分析架構。

雖說這又是一個分析框架，但我認為這個架構包含了 AIDA 和 STP。我很喜歡商業模式畫布，因為它是一個相對簡單、清晰又宏觀的架構，可讓對商業運作毫無整體概念的人，迅速從零分提高到七十分的程度。熟悉這個架構後，可大幅提高你找到商業模式癥結的能力。這個畫布一開始是設計給企業用的，但大家很快發現它也可用在個人身上，因為個人和企業一樣，都必須在市場上透過提供價值給別人，來賺取維生所需的收入。因此，後來《一個人的獲利模式》（Business Model You）這本書，就是用商業模式畫布來分析個人的工作。

什麼是商業模式畫布

為了讓你更快瞭解商業模式畫布，這裡我先提出我對「商業模式」的淺白定義：商業模式是指企業（或個人）如何在市場生存下去。照著這個定義來看，「商業模式畫布」指的就是分析企業（或個人）如何在市場生存下去的分析架構。

商業模式畫布共有九個格子，並可分成需求與供給兩個部分：

- 需求：右邊四個格子探討需求面，也就是和客戶端的環節。
- 供給：左邊四個格子探討供給面，也就是和生產端的環節。

在左、右兩邊的中間有一個格子叫做「價值訴求」，它聯繫了左右兩邊。由於價值訴求必須對準需求面的「客群」，所以一般都會和客群一起談。這一章我先介紹整張畫布，下一章則以譯者為例子加深你對畫布的瞭解和應用能力。

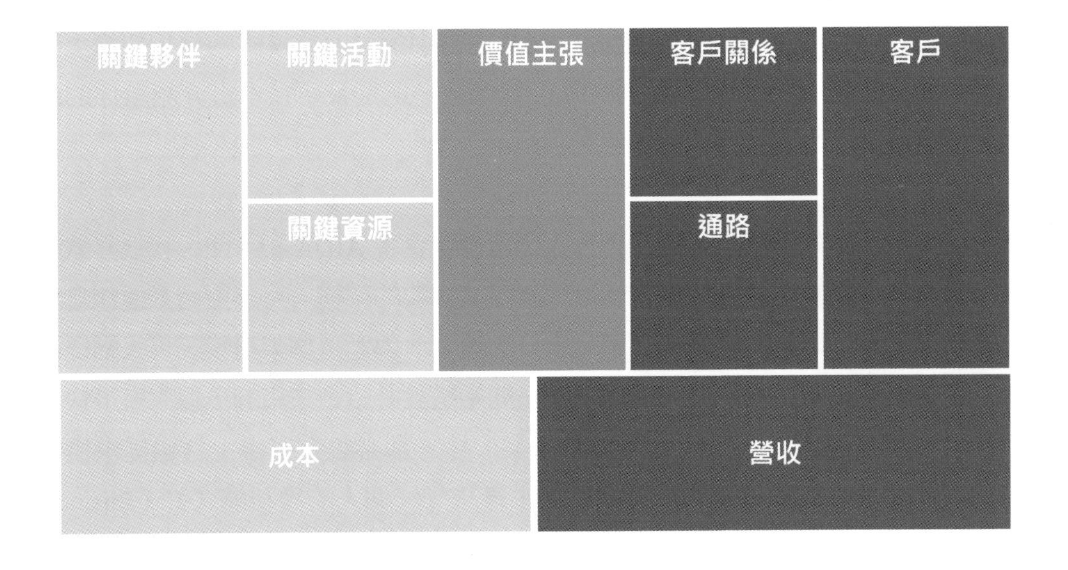

圖 7-1 ／商業模式畫布右邊是需求面，左邊是生產面，中間的價值訴求串起左右兩邊。

客群（Customer Segments）

經營一個事業，不管是經營像亞馬遜那麼大的企業或一人公司，客戶永遠是一切分析的起點。我們提供的產品和服務都必須有足夠的客戶買單，才能確保我們的生存。

在商業模式畫布裡，最重要的格子就是客群，它會決定了剩下九個格子的內涵。客群的原文是 Customer Segments（不是 Customer），明確呼應了 STP 分析策略裡的細分市場和選擇市場兩個步驟。市場不是均質的，不同次級市場的客戶可以有天壤之別的差異，所以當我們用商業模式畫布分析時，分析對象應該也是經過細分和選擇的市場才有意義。

價值訴求（Value Propositions）

確定客群後，接著要探詢這群客戶需要什麼，這就是價值訴求。在《獲利世代》一書，Value Propositions 的譯名是「價值主張」，但我認為這個譯名聽起來有點拗口且不容易望文生義，所以我改翻成「價值訴求」。價值訴求的意思是，當我們以某個價值訴求某一個潛在客群時，不能預設客戶一定會接受你提出的價值，必須在市場裡驗證客戶確實需要這個價值。

很多新創公司或企業推出新產品時，由於沒有驗證客戶真的需求它們提出的價值，最終產品在市場慘遭滑鐵盧。要知道，客戶的需求和偏好會隨時間和潮流改變，而且變化的速度越來越快，你提出的價值若不加驗證，失敗是很常見的事。只有當價值訴求經過市場驗證確認真實存在後，才能稱為價值。

價值訴求呼應了 STP 架構所說的定位，因為定位說的是以客戶在意的點界定你在市場的位置，這和商業模式畫布上的價值訴求理念相吻合。

不要混淆「價值」和「產品」

初次接觸商業模式畫布的人，很容易把產品當成價值（訴求），那是因為我們在現實生活裡看到客戶付錢買了一個產品回家，所以很容易混淆產品和價值。但實際上，產品並不是價值；產品只是價值的一種表現方式（用行話來說，就是「解決方案」）。

這裡舉一個例子，說明產品和價值的差異。假設有一位消費者買了一把電鑽回家，想用電鑽在牆壁鑿一個洞，把全家福照片掛在牆上。在這個例子裡，電鑽是產品沒有錯，但電鑽本身並不是客戶要的價值。客戶真正要的價值，是「看著全家福照片時洋溢的幸福感」。要記得，**客戶花錢買的永遠是價值而不是產品**，我們的產品只不過是能幫他們得到價值的手段之一。例如，你也可以幫助客戶得到上述價值，但你幫助他的方式也許不是電鑽，而是無痕掛勾。

以這個案例來說，對於不想破壞牆壁完整度的消費者來說，無痕掛勾似乎比電鑽更吸引人。掛勾不僅可保牆壁完好如初，而且更便宜方便。但無痕掛勾也有限制，例如承重度不如鑽孔的鐵釘。又或者，你想到另一個解決方案：電子相框。這種產品也很有它的優勢，它可以輪播多張照片，甚至可以連線到雲端，在你和家人的授權下，播放遠方親人的照片。對於不太會使用智慧型手機，又想常常看到在遠方孫子的最新照片的祖父母來說，這個解決方案是很不錯的選擇。

在《一個人的獲利模式》這本書，也特別提出一個混淆了價值和產品的案例，而且這個例子正好是一位譯者。一位在法律事務所上班的英日全職譯者，在他畫布上價值訴求的那一格寫下「把文件從日文翻成英文」。

關鍵夥伴
關鍵活動
關鍵資源
價值主張
把文件從日文翻成英文
客戶關係
通路
客戶
律師事務所
成本
營收

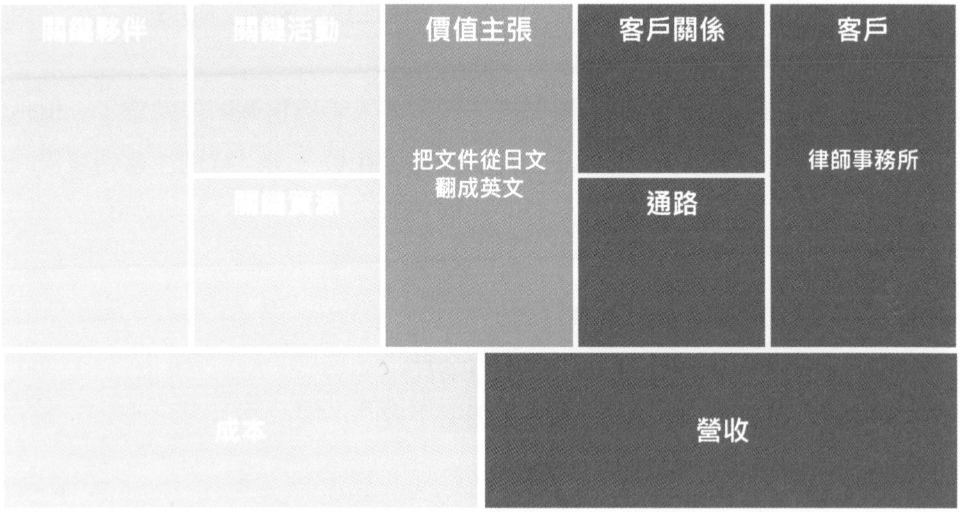

圖 7-2／法律事務所全職譯者畫的商業模式畫布

於是，作者問這位譯者：「律師事務所雇用你，最主要希望你幫他們完成什麼工作？」譯者仔細想了一下，回答「打贏官司」。是的，客戶雇用譯者和其他職員是為了打贏官司，所以這裡的價值訴求應該是打贏官司，而不是「翻譯」。翻譯應該寫在左邊生產端的「關鍵活動」，是譯者為了提供價值所從事的重要活動之一。所以，在用商業模式畫布分析時，切記分清楚價值和產品的差異：**價值是客戶真正想得到的，產品是你幫他得到的手段。**

通路（Channels）

當我們根據客戶想要的價值把產品做出來後，接著要讓客戶知道這個產品，要讓它們對產品有興趣，還要讓它們想購買這個產品，直到最後完成購買的行為，這就是通路要探討的。這個過程是不是看起來很眼熟？沒錯，這就是前面說的 AIDA 模式，而通路確實可分成這幾個層次。這裡舉一個例子說明。

假設你在臉書看到某公司的無痕掛勾廣告，很多人看過這個廣告就忘了，但你因為正好想將家中一個重達二十公斤的花盆掛在天花板，所以特別注意到廣告的內容。廣告上寫：

- 無痕：來去不留痕跡，牆壁完好如初
- 負重高：最新黏膠技術，載重可達一百公斤
- 體積小：體積只有四立方公分，貼在牆壁不會凸一塊
- 價格：每個台幣一百元

你看了之後，覺得這個新產品未免也太厲害了，居然有體積小又可承重一百公斤的無痕掛勾，最棒的是只要一百元台幣。你很心動，但不確定廣告是否誇大不實，所以遲遲並未購買。幾天後，你和好友約喝下午茶時，朋友正好和你分享他使用這款掛勾的經驗。他用這個掛勾把幾十公斤的音響穩穩掛在牆壁，對這個產品讚不絕口！聽到這裡，你已經迫不及待要買這個無痕掛勾，決定等一下就去賣場買。到了賣場，你發現這款產品就放在入口最顯眼的地方，馬上拿了五個火速去結帳。

在這個簡單的例子裡，這款無痕掛勾是透過三個通路讓你完成購買行為：臉書（A、I）、朋友（D）、賣場（A）。透過這些通路，這家公司將具備你在意的價值的產品呈現在你面前。前面提過，網路興起後客戶的力量變強了，網路縮小了買賣雙方的資訊落差，因此 AIDA 開始出現變形，日本電通公司就提出 AISAS，但也有人直接在既有的 AIDA 最後加上推薦（Referral）變成 AIDAR。

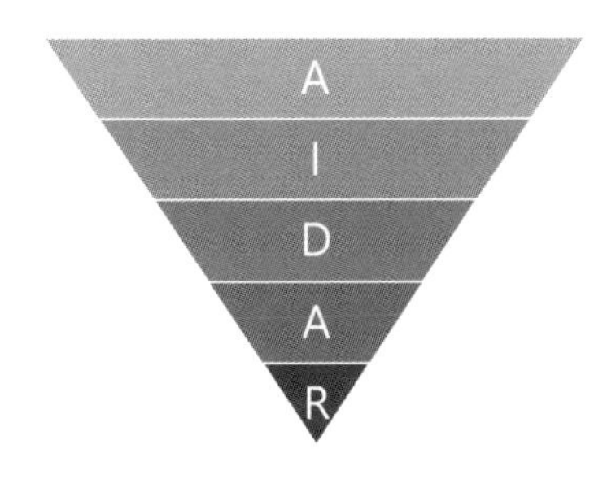

圖 7-3 ／ AIDAR 模式

當你購買了一個產品覺得很好用，你很可能會向親友推薦這個產品，這時候你不僅走完標準的 AIDA 流程，還進一步走到 R。在購買無痕掛勾的例子裡，主角遇到的其中一個通路就是親友推薦。你的朋友因為向你推薦產品而走到 R，他的 R 則可能成為你的 D，因為你們的交情很好，有很強的信任關係，所以你有可能只因為聽了他的「一面之詞」就燃起購買的欲望。

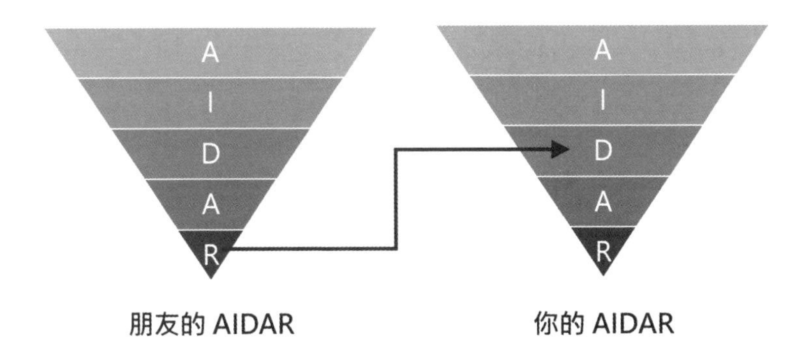

圖 7-4 ／朋友購買無痕掛勾的 AIDAR 過程，以及你購買無痕掛勾的 AIDAR 過程。

也許你已經發現，前面我用來分類譯者客戶的標準「可近性」，說的其實就是通路。不同通路有不同特性，有些通路天生容易讓我們信任，例如熟人介紹，而無差異發送的廣告則最容易引起我們的防衛心理。此外，不同類型的客戶會出現在不同的通路，例如去家樂福買肉的消費者，和去法蘭克肉舖買肉的消費者，整體來說是不一樣的客群。還有，使用不同的通路也有不同的成本，例如和固定經營臉書粉專相比，譯者寄履歷表給客戶的成本顯然比較低。

客戶關係（Customer Relationship）

潛在客戶從知道你的服務開始，到最後銀貨兩訖走完整個 AIDA 的過程，這次的銷售過程確實結束了，但不表示我們和客戶的關係結束了。實際上，我們都希望客戶能回頭繼續找我們服務，或重複購買我們的產品。換句話說，我們都希望客戶變成回頭客。回頭客為什麼很重要？根據研究統計，獲得新客戶的成本是留住既有客戶的五到七倍，所以留住既有客戶等於大幅降低你的經營成本。

實際上，你可以從 AIDA 模式看出這個事實。當客戶回頭來找你時，他不需要重新走完 AIDA 四個階段，只需要走最後面的 D、A 兩個階段。此外，客戶若回頭找你通常表示他對你有一定的滿意度，這種客戶通常更有可能幫你介紹（R）其他新客戶。如此一來，透過他介紹來找你的新客戶，等於也只需要經歷 D、A 兩個階段，表示你獲得新客戶的成本變低了。

很多自由工作者忽略**獲得客戶成本**（Customer Acquisition Cost, CAC）這件事，但實際上這個成本幾乎決定了許多事業的生死。對企業來說，獲得客戶成本由於可以量化，從加總廣告費、行銷費、請小編經營粉專的人事費、請寫手寫部落格文章的稿費等精算出來，所以企業非常瞭解獲得客戶成本的高低有多重要。在某些產業裡，這個成本會決定企業是否能長久經營，例如電子商務公司。自由工作者當然也有獲得客戶成本，只是我們很少會計算自己花了多久時間獲得一個客戶，再用時薪把成本量化計算出來，因此對於獲得客戶的成本比較沒有概念和警覺。例如，你可能花了三十個小時在 104 外包網瀏覽案子和寫提案書，但結果一個案子都沒有得到。照理說，你應該把這三十個小時乘以你工作的時薪，算出量化的獲得客戶成本。

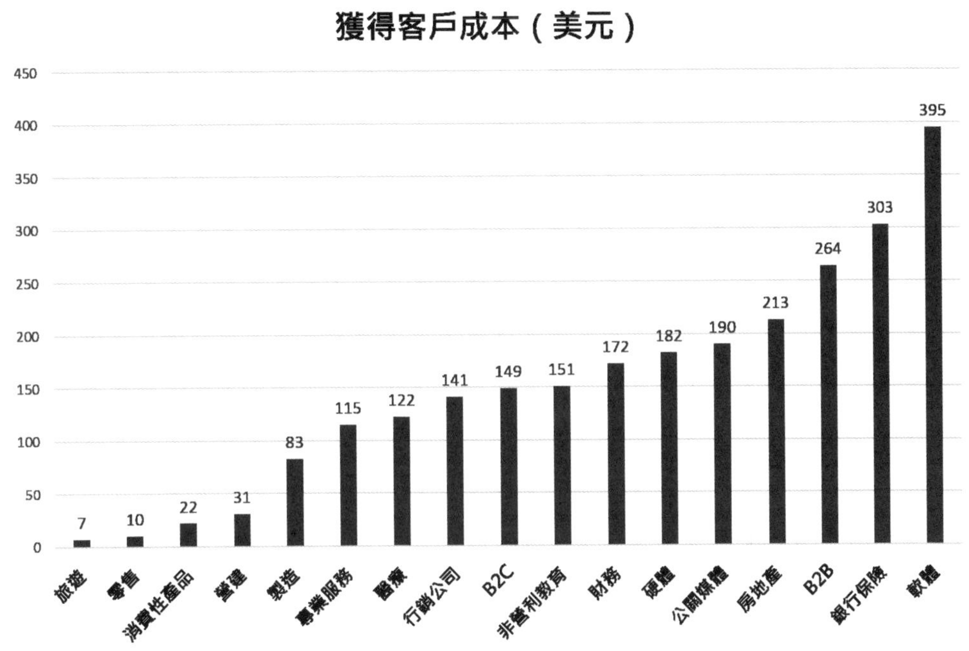

獲得客戶成本（美元）

旅遊	零售	消費性產品	營建	製造	專業服務	醫療	行銷公司	B2C	非營利教育	財務	硬體	公關媒體	房地產	B2B	銀行保險	軟體
7	10	22	31	83	115	122	141	149	151	172	182	190	213	264	303	395

圖 7-5 ／不同產業獲得每一個客戶的平均成本（來源：ayeT-Studios），其中軟體業獲得一個客戶的平均成本將近四百美元，和翻譯最相關的「專業服務」則是一一五美元。

為了提高客戶回頭的比例，維繫客戶關係就變得很重要，而維護客戶關係最根本的是把產品或服務做好，讓客戶在使用時就很滿意，這樣他回頭的機會就會大幅提高。但即使你的服務沒問題，客戶仍有可能因為各種原因而不再找你，例如時間一久就忘記了，或很久沒聯繫生疏了。因此，在不缺案子的時候仍適時與客戶互動，可讓雙方對彼此的記憶更深，關係也更持久。如果等到手上完全沒案子才問候客戶，一來有點緩不濟急，二來客戶有時候可能反而覺得你有求於他。

有一個客戶和我說，他合作過的譯者會在缺案子的時候才寫信問候他，而且會直接在信中寫「我現在手上沒有案子，如果你需要翻譯請告訴我」之類的話。也許譯者想表達的是自己目前有空檔，可以好好服務客戶，但同樣一句話當然也可以解讀成譯者缺案子，所以才聯繫客戶。我一直建議讀者，你的思考和陳述都要盡量以客戶的需求為出發點，而不是以你自己的需要案子的角度考量。即使你想不出其他問候客戶的方式，也都要避免出現以自己為中心的陳述。就像前面說的，對待親友、伴侶和客戶其實在本質上是一樣的，都要盡可能考量對方的感受，關係才能長久。

收益流（Revenue Streams）

當我們把客群、價值訴求、通路和客戶關係完善後，就會產生收入。在原始的商業模式畫布分析裡，收益流強調的是企業獲得營收的不同方式。例如，透過銷售產品或服務的一次性收入，或電信公司以分或秒計費的按量收費、加入健身房的月費或年費、將房屋或設備出租收取的租賃費、將智慧財產授權給別人使用的授權費、搓合買賣方後收取的仲介費等。不同收取費用的方式都有不同的定價機制。不過，對自由工作者來說，收益流的類型通常比較單純。

以譯者來說，目前主流的計價方式是以原文字數計費。這種計費方式的優點是可在委託初期就算出總金額，有助於客戶和譯者雙方評估成本與收入。不過，出版社計算稿費並不是以原文字數計算，而是以譯文字數計算。在這種情況下，就無法事先精確算出總稿費，只能以不同語言的字數比例大致估算。除了以字數計費之外，少數也有用時薪或專案計費。

為什麼出版社以譯文字數計價？

常有人問為什麼出版社以譯文字數計算稿費，我聽過的一個解釋是，很久以前電腦不普及，計算原文字數很不方便，加上當時譯文都是寫在稿紙上，所以只好透過計算稿紙的張數（一張寫滿通常是四〇〇或五〇〇個中文字），大致計算譯文的字數。後來電腦普及了，計算譯文的字數不必再用稿紙，直接使用 Word 顯示的字數。

如今，雖然不少原文書都有 PDF 電子檔，只要轉換成 Word 檔就可以算出字數，但有些原文書的出版社並未提供電子檔，加上出版業長久以來已經習慣以譯文字數計價，所以至今仍以計算譯文字數的方式進行。

以譯文字數計算稿費的最大問題，在於無法事先確切知道翻譯的總金額。不過，由於不同語言之間的字數有一定的比例，例如英文和中文的比例大約是一個英文字會成為一．六到一．八，個中文字，所以仍可在翻譯前大致掌握總字數和總金額的範圍。

介紹到這裡，商業模式畫布右邊四個格子和中間的價值訴求已介紹完畢，接下來要說明和生產端有關的左邊四個格子。

關鍵資源（Key Resources）

為了生產出能為客戶提供價值的產品或服務所需要的重要資源，就是關鍵資源。商業模式畫布作者將資源分成四種：

- 實體資源：設備、建築物、銷售點管理系統等
- 智慧資源：專業知識、專利、客戶資料庫等
- 人力資源：人才、專家等
- 財務資源：現金、信用額度等

以譯者來說，我們為了提供翻譯服務所需的資源，大多屬於智慧資源，也就是翻譯的專業能力。此外，我們還需要實體資源，包括電腦設備、軟體、會員資格（例如職業工會，或各式譯者協會）等。

關鍵活動（Key Activities）

擁有資源後，我們還要利用這資源從事一些重要活動，將我們的產品或服務生產出來。譯者的關鍵活動之一是翻譯，這也是我們過去在學校學到最多的部分，但實際上除了翻譯之外，現代的譯者和自由工作者也越來越需要其他活動，包括培養商業意識和知識、瞭解客戶和市場、從事適合自己的行銷活動等。

關鍵夥伴（Key Partners）

關鍵夥伴是指為了提供產品或服務，我們需要和哪些人合作。商業上最常見的合作夥伴是各式各樣的供應商，例如蘋果公司為了生產 iPhone 而需要向世界各地的供應商購買原物料，並委託其他代工廠製造。在語言產業裡，本地化產業把關鍵夥伴發揮得淋漓盡致。本地化產業因為產業特性，因此發展出很長的供應鏈，各個層級的本地化公司協力提供價值，最後將完整的服務交給終端客戶。

成本結構（Cost Structure）

我們為了提供服務所使用的關鍵資源，以及和關鍵夥伴的合作都會衍生成本，於

是形成成本結構。對自由工作者來說，我們的成本結構相對單純很多，通常不外乎是電腦設備費用、軟體費、會員費等，如果你將部分案子外包給其他譯者，就會多了人事費。此外，別忘了自由工作者最大的成本其實是時間！

結語

理性與感性的平衡

為什麼提出商業模式畫布的作者，要將商業模式畫布畫成左右兩邊？他在《獲利世代》一書裡介紹完商業模式畫布後，隨即在下一頁放了一張人類大腦的圖。人的大腦可分成左右兩邊，一般來說左腦主司理性和邏輯，右腦掌管感性與情感，以此對應畫布的左右兩邊。

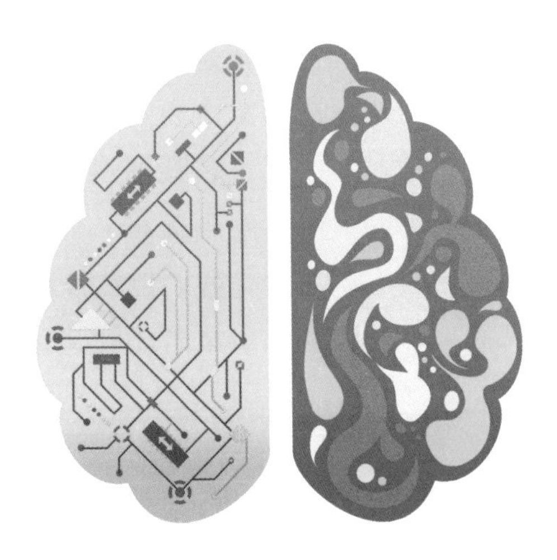

圖 7-6／人類的左腦掌管理性、邏輯；右腦掌管感性、創意。

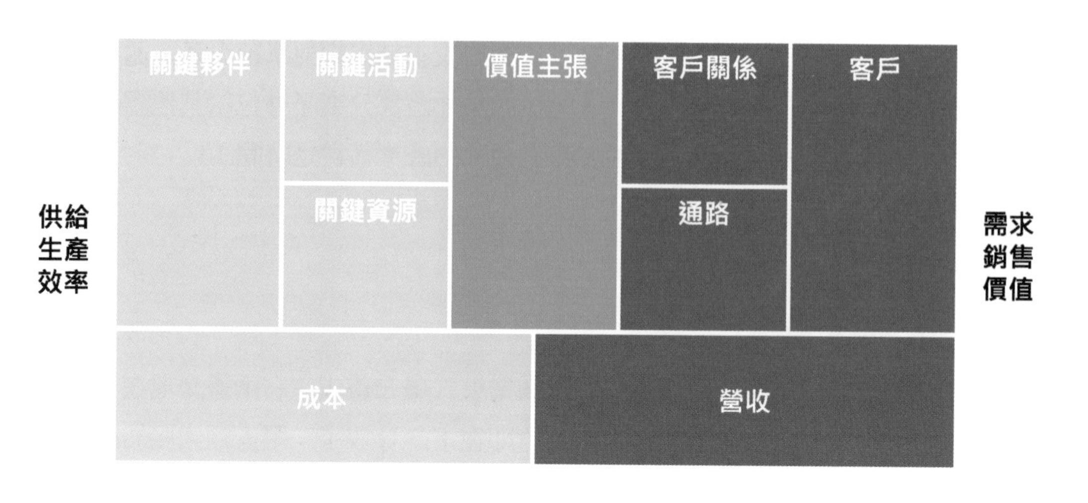

圖 7-7 ／商業模式畫布的左右邊對應到人腦的左右邊。

那張大腦圖馬上引起我的共鳴，因為那正是我這幾年創業、訪談、做產品、做行銷的體會！我發現，經營職涯或事業需要同時調用左腦和右腦的能力。左腦讓我們能夠計算、分析效益和成本，右腦則讓我們懂得同理別人，用別人能夠接受的方式傳遞價值。將大腦對應到畫布，畫布左邊是比較能夠操之在己的生產面，強調效率和成本；右邊是我們無法控制只能去同理和理解的需求面，強調價值和溝通。經營職涯和事業若能同時兼具理性與感性，會有很大的優勢。

記得剛創業時，我和夥伴曾去參觀一家銷售大腦檢測儀器的公司。該公司創辦人告訴我們，從大腦運作的角度來看，當經營者是一件非常困難的事，因為經營者的工作需要調用大腦多個部位，並將各部位功能統整起來。他說，人的大腦通常都有特別發達的部分，若根據這些部分來發揮，可以在相關領域有出色表現。相較起來，整個大腦都均衡發展的人比較少，而要把經營者的角色扮演好，則特別需要均衡發展的大腦。不過大腦的可塑性很高，後天訓練有助於大腦更多區域的發揮。

從我接觸創業到現在六年，我深深體認到要當一個稱職的創業家或經營者，必須同時具備理性與感性，這並不是一件容易的事。除了把自己的工作做好，同時還要能夠同理周遭的人的感受，包括員工、部屬、客戶、供應商等，才有可能把事情和人情都拿捏得當。大多數人只擅長特定部分，其他部分則相對較弱，所以需有意識補強。企業經營團隊可以透過找其他人才來補不足，自由工作者則需要靠自我提醒和多元接觸各種領域來保持自己的平衡。

典範轉移

價值會反映在價格上，而價格減掉成本等於利潤，所以如果想提高利潤，我們有兩個途徑：提高價格或降低成本。

利潤	=	價格	−	成本
		由畫布右邊需求端需要的價值決定		由畫布左邊生產端決定生產效率

強調價值和強調效率是兩種截然不同的典範，而許多行業在第二次世界大戰結束後經歷超過半個世紀的發展，已迫切需要典範轉移（Paradigm Shift）：從過去只強調生產效率，轉變成必須同時強調給消費者和客戶的價值。

在過去，產品的品項有限、通路有限、生產與消費雙方資訊落差大等因素，大多數行業都由位居生產端的業者所決定。在以前只有電視的年代，消費者幾乎只能透過電視廣告瞭解產品，而廣告本身由業者製作，電視頻道這個通路又掌握在極少數電視台老闆和政府手中，消費者對產品的認知和選擇於是都十分有限。在這種環境裡，生產者相當程度決定了消費的內涵，也就是生產決定消費。但是，網路興起後一切變得不同了，不僅品項和通路變得多元，生產與消費雙方的資訊落差也大幅減少，原本一盤散沙的消費者更有機會透過網路彼此連結，形成擁有各式偏好和理念的客群，分享真實評價和彼此影響，因此市場越來越變成消費決定生產。

對於已經習慣「生產決定消費」的企業和產業來說，要將自己的思維、流程和工作文化改成「消費決定生產」，難度非常高，這就是為什麼轉型從來不是容易的事。以出版業來說，它的商業模式建立於上個世紀初，整體產業則在八〇年代趨於成熟。出版社雖然一直都關心讀者喜歡看什麼書，但在過去娛樂和消遣的種類還不多時，除了有一些人是本來就喜歡看書之外，還有不少人看書是為了娛樂或打發時間。換句話說，在過去不管是喜歡看書的人，或不特別喜歡看書但沒有其他選擇的人，都被歸類為「讀者」這個客群，表面上來看他們都有掏錢買書的行為，但他們真的都是「讀」者嗎？當時，只要是製作品質不過份粗糙的書，出版後幾乎都能賺錢，差別只在於賺大錢還是賺小錢。作者拿上百萬或幾百萬版稅並不罕見，拿千萬版稅也大有人在。

當產品的銷售量夠大且穩定時，我們可從生產面來決定商業模式。在台灣，目前書的定價和一九九零年代沒有太大差異，一本書篇幅和製作水準一般的書，定價大約落在台幣三百元左右。以這個價格乘上本世紀第一個十年大多數書籍的銷售量來算，可以發現利潤確實不錯。但是，到了本世紀第二個十年開始，由於智慧型手機普及，想要娛樂或消磨時間的人只要有一支連網的手機在身上，就可以得到許多「更好且免費」的替代方案，例如手遊、社群通訊軟體、影片、音樂等。不只如此，以往透過書「做正事」的人，例如學語言、學程式、學設計等，現在也都紛紛轉向線上學習，不一定需要透過閱讀吸收這類知識。因此，出版業過去以生產決定消費的商業模式，現在因為客群人數大幅下降，產值已跌到最高峰的一半。

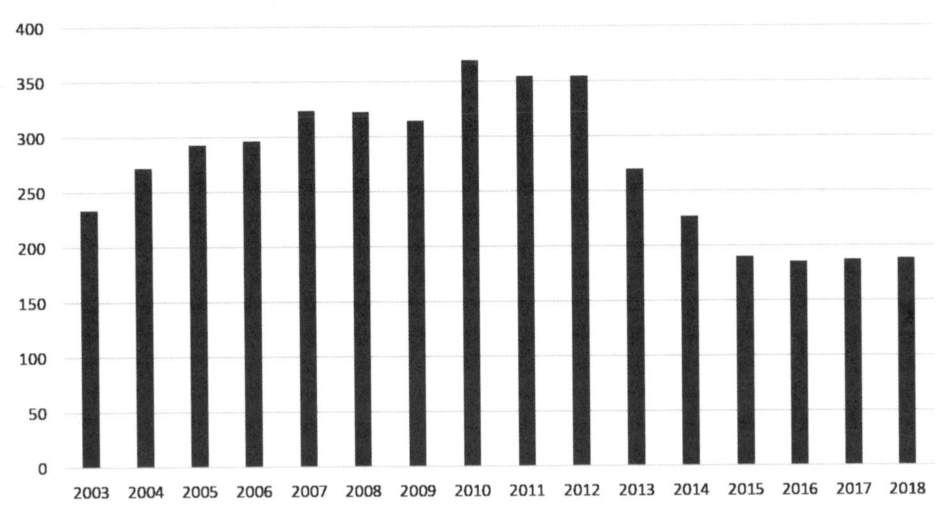

圖 7-8／台灣近年出版業產值（億）變化圖

你可以在很多產業看到這類的典範轉移：從由生產方決定的市場，轉變成由消費方決定的市場，這一點無論在 B2C 或 B2B 的市場裡都是如此。因此，對所有企業、組織和個人來說，轉型其實已經成了「全民運動」，是想要永續經營的人都要深思的課題，二〇二〇年爆發的新冠肺炎疫情，只不過是加速了這個過程。我很喜歡加拿大科幻小說家威廉・吉布森（William Gibson）說過的一句話：「未來已來，只是分佈不均」（The future is already here —— it's just not very evenly distributed.）。我想說明的是，無論過程讓人多麼不適或想抗拒，分佈不均的終究會均勻分佈，終究會成為人們的日常，準備好迎接轉型的人反而有機會「彎道超車」。

第 8 章｜實體書店與出版業

在我正式將商業模式應用在譯者身上之前，我想先把前面說過的 AIDA 和商業模式畫布，應用在我們每一個人都接觸過的實體書店和出版社，因為當我們先把這些架構或分析工具用在別人身上時，往往能夠更快理解這些架構的用途。我過去辦實體講座時，最常分享的其他產業案例是麥當勞。由於幾乎所有人都知道麥當勞，也去過麥當勞用餐，所以用麥當勞當例子時所有人都可以參與討論，也很快就理解商業模式畫布強大的分析能力。

不過在本書裡，我要分享的是實體書店和出版業，因為它們和譯者更密切相關。台灣每年約有四分之一書種的書是翻譯書，書市好壞短期來說對書籍譯者也許影響不大，但長期來說一定有影響。此外，許多譯者對書都有一份特殊的感情，他們也都是會固定買書、看書的人，但這幾年關於實體書店和出版業的壞消息不斷，難免令人傷感。這一章就以前幾章分享過的架構，來看實體書店和出版業。

實體書店與 AIDA

在網路不發達的年代，書店在 AIDA 流程裡扮演非常重要的活動。當時，讀者絕大多數都是到書店獲得新書資訊（A），在翻閱的過程中完成購買決策（I、D）。決定要買之後，也是直接在書店裡結帳（A）。記得二〇〇〇年左右，當時網路書店才剛出現不久，許多實體書店業者表示一點也不擔心網路書店，原因就是他們知道讀者與書的接觸點幾乎都發生在書店裡。當年一位書店老闆接受記者訪問時說：「書這種東西不先翻閱過怎麼買？所以安啦！」

網路書店業者當然也懂這個道理，所以他們也千方百計想把讀者從書店得到的價值，也搬到網路上。需要先翻閱才能判斷是否購買書籍嗎？於是它們提供線上試閱功能，讓讀者留言評價書籍，依據你的瀏覽記錄主動推薦相關書籍，這些都是為了完善讀者購書前的 A、I、D 階段。最後－也可能是最重要的－網路書店在結帳時提供實體書店難以負擔的折扣。

其實網路興起後，原本由書店提供的 AIDA 價值，不僅開始被網路書店拿去做，很多網路媒體也都參與其中。例如，你可能是透過臉書上的朋友、YouTuber 或粉專得知一本書，他們分享書中的內容讓你對書產生興趣。接著你到網路書店找到這本書，並瀏覽了網站上提供試閱的篇幅，接著你在網路書店購買實體書或電子書。在這整個過程中，你從未踏進書店一步。

網路書店有規模效益，目前台灣的網路書店（含電子書平台）共約五家，前三家大概就包辦了大部分網路書店的產值。至於實體書店，全台目前約剩下兩千家，除了較大的金石堂、誠品、諾貝爾、敦煌共有約一百家門市之外，其他都是門市數不多的小型連鎖書店或獨立書店。換句話說，網路書店的市場比較集中，實體書店的版圖則相對破碎，加上民眾越來越習慣在網路買書，所以網路書店對出版社有更大的議價權。過去，出版社面對的是無數的實體書店，這些書店對出版社沒有什麼議價能力；現在，出版社要面對具備壟斷條件的少數幾家網路書店，新書一上市就必須打折。

通路被壟斷就好比你把產品送到市場賣的路只剩下一條，你只能走那條路，所以擁有那條路權的人就可以向你收取高昂的過路費。在過去網路尚未完全成熟的年代，實體書店林立且門庭若市，出版社可以接觸市場（讀者）的路很多條，不會被少數幾家通路商控制。但現在狀況不一樣了。網路書店用各種設計，讓過去實體書店提供的價值顯得不那麼特別，最重要的是網路書店的折扣對消費者來說非常有感，大家漸漸培養出到網路書店看書、選書、買書的習慣，實體書店受到很大的衝擊。

實體商店的斷鍊危機

我們都知道現在的實體書店經營困難，其中一個原因就在於它原本在讀者 AIDA 流程裡提供的價值，現在許多人也有能力拿去做，而且從頭到尾都可以和實體書店毫無瓜葛。當然，現在還是有人習慣去逛書店，但真的就只是「逛」而已。我常在書店看到讀者翻閱一本書後，用手機拍下書的封面，接著（我猜）他會到網路書店購書。以這個例子來說，前面三個階段（A、I、D）都仍發生在實體書店，但最後能讓書店得到營收的購買行為（A）卻「斷鍊」了，改發生在網路書店。

其實，類似的問題也發生在其他產業。許多人去 3C 賣場時，相中某台電器後會馬上上網搜尋是否有更便宜的價格。看在業者眼裡當然很不舒服，畢竟實體店仍然提供消費者觸摸、體驗產品的價值，卻完全無法得到任何收益。Best Buy 是美國很大的電器經銷商，它們發現消費者在店裡體驗產品後，卻到亞馬遜網站上購買。一開始，它們想阻攔消費者在店內用手機上網比價的行為，發射干擾訊號影響客戶在店裡的網路收訊，但效果非常差，還搞得客戶非常火大。為了挽救江河日下的生意，Best Buy 後來徹底檢討自己的商業模式，嘗試從消費者整個購物流程中找到出路，最後也真的被它們找到一條生路。

礙於本書篇幅，這裡我不多說 Best Buy 的解法，有興趣的人可以閱讀

《解構顧客價值鏈：拆解消費者決策流程發現商機切入點，用需求驅動設計新商業模式》這本書，書中有非常詳盡的說明。如果你想深入瞭解商業模式畫布右半邊的需求端，以及如何透過深入瞭解潛在客戶來改善你的商業模式，我非常推薦這本書。

出版業的商業模式畫布

如果要畫一張出版社的商業模式畫布，你會怎麼畫？這裡分享我簡單的畫法。

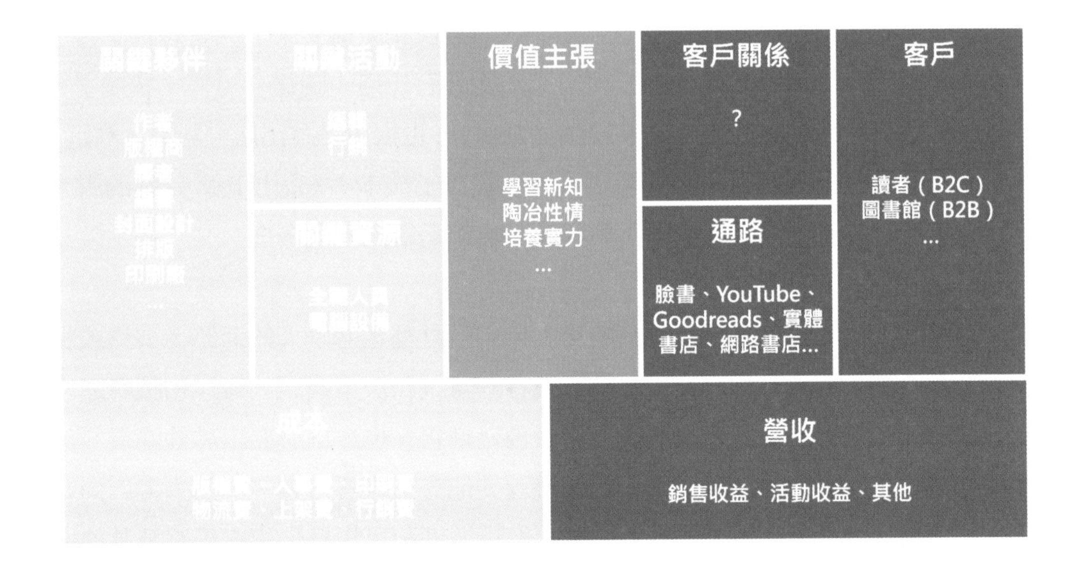

圖 8-1 ／出版業的商業模式畫布

我的畫法真的很簡單。除了「圖書館」之外，我在畫布上最重要的「客群」那一格寫下「讀者」兩個字。大眾讀者是書籍的主要客戶，他們出於各自不同的需求和目的而閱讀，不同類型的讀者代表細分過的次級市場，絕對不能一概而論。所以，這裡要再根據出版社想要訴求的次級市場，再畫一張更精準的商業模式畫布才有意義。例如，看科幻小說的讀者，就一定和看科普書的讀者不一樣。他們想從書裡得到的價值不同，甚至 AIDA 的過程也不一樣。如果不能針對客戶去設計商業模式，會發現努力往往是白費力氣。

在出版社的商業模式畫布，我覺得有一個格子很有趣，那就是「客戶關係」，我在那一格寫下「？」。很多讀者說自己買書不太看出版社，因為「誰出版都沒有太大的差別吧」。對讀者來說，他們買的是書本身的內容，或說作者本身的能力，出版社在讀者心中的存在感似乎普遍不高。有些出版社因為出版的定位明確，容易在讀者心中留下鮮明印象，例如八旗的社科系列、聯經的人文系列等。但這屬於定位和品牌，和客戶關係還是不一樣。我的實體和虛擬書架上共有幾百本書，但我從不覺得身為讀者的我，和任何一家出版社有任何「關係」可言。我幾乎不會去瀏覽出版社的官方網站（如果它們有的話），也很少追蹤出版社粉專。倒是，我三不五時就會逛網路書店，然後「手滑」就買了幾本不知道出版社是誰的書。此外，平常會推播廣告或發電子信給我的，也都是網路書店。

這就是現在出版社面臨的另一個問題：由於出版社都透過別人的通路（實體或網路書店）銷售書籍，因此無法精準掌握讀者的背景和決策資訊，難以和讀者建立起真正有效的關係，長遠來說不僅不利於書籍銷售，也難以發展出其他商機。出版社對於市場當然有相當的瞭解，也會透過其他方法瞭解市場，例如去書店向報告本月的出版品內容（又稱「報品」），但精準度和可規模化程度仍不及其他能夠掌握消費數據的商家，例如電子商務。

出版業最大的問題：眼球逃散

出版業在「通路」遇到的問題固然很棘手，但它們真正的問題其實還是客群。曾在出版業深耕的 PC Home、露天拍賣創辦人詹宏志說，出版業面臨的最大問題是「眼球逃散」。他的意思是，消費者的注意力早就已離開了書本，往臉書、

Instagram、YouTube、Netflix、電玩等地方移動了。很多人說，是網路興起才讓大家離開書本跑到其他地方，但詹宏志認為，人類的「眼球逃散史」早在一個世紀前就發生了，並不是網路出現後才出現的。

自從電影出現，我們閱讀紙本書的注意力就有一部分被電影分食。後來電視問世，更多注意力跑到電視；接著聲光效果豐富的個人電腦加上無遠弗屆的網路，更聯合起來搶佔了人們大量的注意力。還記得小時候我要看福爾摩斯的故事，只能透過書籍這種媒介取得，後來福爾摩斯改編成卡通、電影或電視後，我再也不靠閱讀來感受福爾摩斯的機智了。如果從商業模式畫布來看，出版業面臨最大的問題還不是通路不通，而是客群大幅減少。

詹宏志在一次演講裡提醒出版人，必須將出版的定義擴大，不能僅侷限「書」和書既有的商業模式上。他說，只要有人提供內容、有人在讀這些內容，那就是出版。如果一切的閱讀和閱聽形式都是出版，所有知識生產的媒介工作都是出版，那麼不僅部落格、維基百科、YouTube、Podcast、線上課程是出版，甚至在網路看別人直播玩遊戲也是「出版」，都是編輯需要去理解和學習的。

詹宏志說不要怪年輕人不看書，現在的年輕人還是很聰明，也很有自己的見解，只是他們獲得知識的來源、管道和形式，已經和上一代的人不一樣。他也說，不要再期待紙本復興，因為那是不可能的。其實綜觀人類的「出版史」，以文字為主導的時期並不長，而且它的顛峰已經過去了。從腦科學來說，人腦處理視覺內容的速度比文字快六萬倍，所以以文字傳遞知識本來就不是最符合人腦需求的設計，但在影音技術還不發達或成本高昂的年代，我們只好仰賴文字來傳遞知識。但當技術普及後，各種聲光影音大行其道只是反映了人本能的需求。將來這個趨勢會日益明顯，虛擬實境、擴增實境和混合實境的技術，將會為「出版」帶來更多想像和機會。如果你對於傳播好的想法和理念懷有熱忱，不妨可多接觸各種形式的媒介，相信可以有很多新的刺激和火花。

第 9 章｜譯者的商業模式畫布

本章以譯者為例，按照商業模式畫布上的九個格子，說明譯者的商業模式畫布。

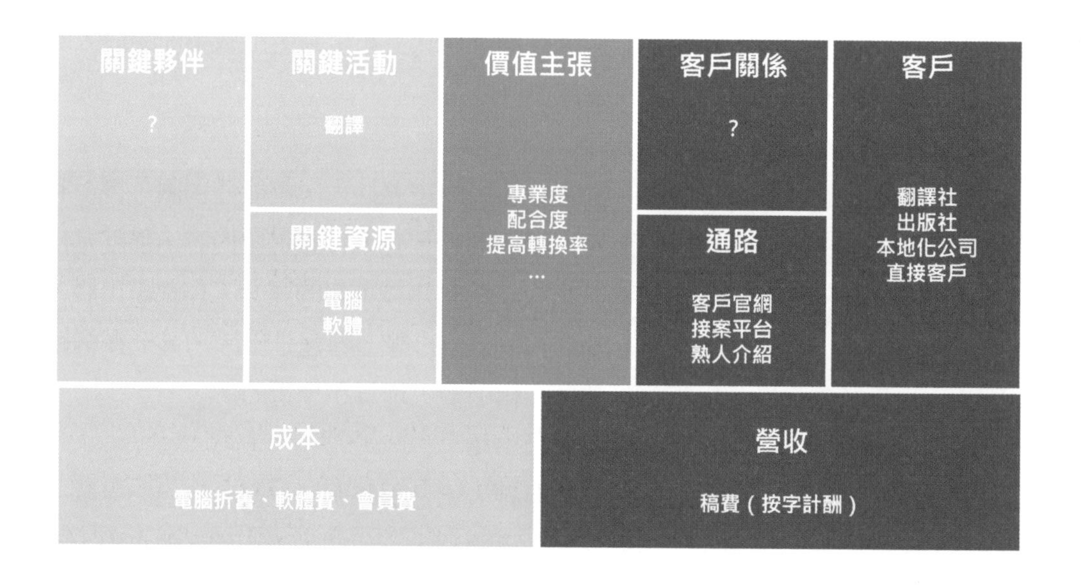

圖 9-1／譯者常見的商業模式畫布

客群、價值訴求

前面章節已說明過譯者常見的客戶類型，也說過不同客戶希望譯者提供什麼價值是什麼，這裡不再贅述。不過，記得你可以根據你對市場的理解，用其他標準細分市場，甚至可以一直細分到你能夠抉擇為止。另外，直接客戶通常是來自不同產業、領域和規模的企業，它們之間可能有天差地遠的差異，瞭解它們需要花一點時間，但瞭解越多你能夠施力的地方就越多，利基也越多。

通路

譯者常用的通路

履歷表

從本質來說履歷表就是一種廣告，而人通常不愛看廣告，因為我們認為廣告的內容與我們無關，而且廣告通常都有誇大的成份。所以，寫履歷表時若要避免這些問題，要記得兩個重要原則：內容要寫得與讀履歷表的人和公司有關，也要寫得有真憑實據。

許多履歷表的問題是，沒有針對要應徵的公司和職位寫，看起來像是一個版本寄給所有公司和職務。如前所述，客戶都希望和最「專業」的人合作，而所謂的專業最重要部分就是「與我有關」。你可能聽說許多主試官在看履歷表時，一份只花幾十秒的時間。這是真的，有些履歷表甚至花不到十秒來看。這不是面試官不尊重求職者，而是他們太瞭解自家公司的業務和需求，加上常常看履歷表，所以看的時候已經不是逐字逐句在看，而像是「快照」一樣掃描履歷表上是否有他想要看到和職缺相關的字眼，也就是關鍵字。這就是為什麼面試官在看履歷表時，可以看得這麼快的原因。當然，如果「瞥見」合適的人選時，就會再停下來多花點時間仔細看。

如果不確定你應徵的職位應該有哪些「關鍵字」，有一個方法倒是可以讓你很快聚焦。你可以到人力銀行網站，搜尋相關職缺的職缺描述都是怎麼寫的。其實國外已經有類似網站支援你寫作履歷表。只要輸入職務名稱，系統就會顯示與該職務相符的工作描述（如下圖）。點選你要使用的描述後，描述的字句就會貼到編輯區，你可再依照自己的需求修改編輯，非常方便。

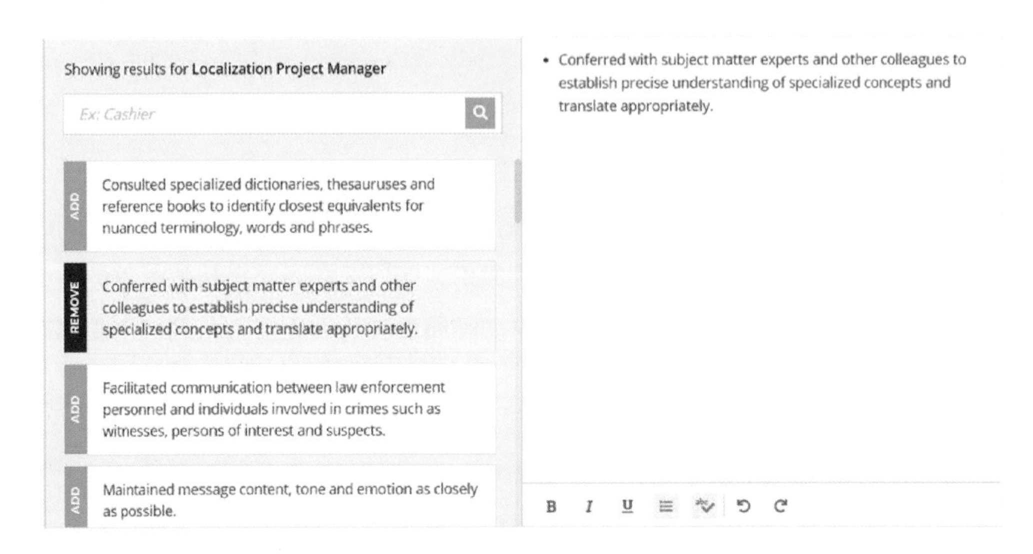

圖 9-2 ／ Jobhero 網站的履歷表撰寫支援功能

順著「相關性」的原則繼續談下去，你應該將和職缺相關的經歷放在前面。例如，假設你現在要應徵的職缺是出版社的科普譯者，你就應該將譯書的經驗放在前面，尤其是和科普最相關的譯作放在前面，比較不相關的遊戲翻譯則放在後面。所以照理說，每次你應徵不同的翻譯工作時，履歷表的資訊排列方式應該都不太一樣，而不是一個版本寄給所有公司。寄履歷表的目的是幫助主試官判斷，你是不是職缺的合適人選。當你的資訊表達得當，即可反映出你對職缺工作內容的瞭解程度，而這也是面試官都想知道的重點。

不過，支援履歷表寫作的軟體固然方便，但寫履歷表要注意另一個重點，那就是可信度。我們的履歷表內容難免經過美化，但不管怎麼美化都一定要寫得有根據，否則面試時或錄取後對方發現你「廣告不實」，只會讓人留下更差的印象。

在思考如何讓履歷表看起來可信時，你可把自己設想成主試官，思考履歷表該怎麼寫，才會讓你相信眼前這位求職者是個認真、負責、準確、準時的人？寫履歷表時，記得盡量把你原本用形容詞的地方，都改寫成事實。如果你寫的是事實，就會有具體的人事時地物，甚至會有數字，這些都是能夠取信於人的細節。另外，如果有可明確反映優勢的經歷，不妨言簡意賅寫下來。

除了相關性和可信度之外，履歷表的「外表」也要打理。信件主旨要將你的名字和應徵職務寫上去，方便收件人彙整。畢竟，很多時候收件人會收到幾十封信件，所以一定要設想他眼裡看到的信件匣是長什麼樣子。求職信也很重要，有些人認為求職信只是形式，所以往往只寫「我是〇〇〇，想應徵〇〇〇，隨信附上履歷表，期待能獲得面試機會」，或甚至連基本的「你好，〇〇〇，謝謝」都沒有寫。以我在看履歷表的經驗來說，若能在下載履歷表前就先知道求職者與職缺相關的重要經歷，以及他為何認為自己適合這份工作，會讓我認為他重視、在意這次應徵，也更願意下載他的履歷表仔細閱讀。

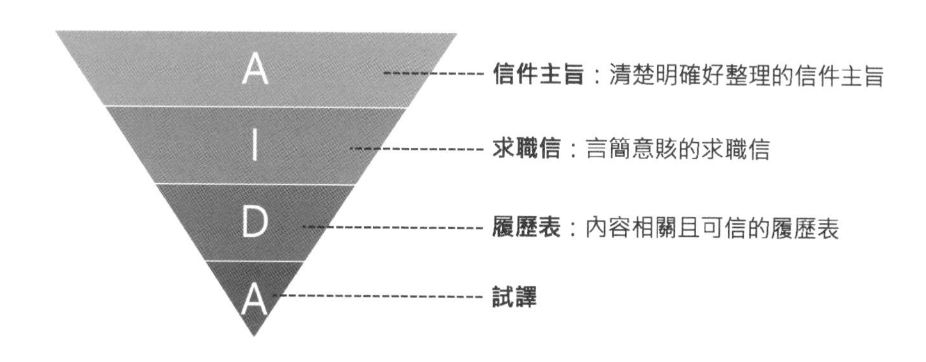

圖 9-3／履歷表的 AIDA 模式

有些公司使用的 Email 服務至今仍無法預覽附件，所以信件主旨和求職信若寫得不好，加上短時間內很多人來信應徵，收件人或人資確實可能只下載主旨和求職信寫得妥善的人的履歷表，因為這兩個地方寫得好，通常履歷表也不會寫得太差。另外，履歷表的檔名也應該和主旨一樣，讓人隨時一看就知道是誰要應徵哪一個職務。永遠要記得，對方收到的信件和履歷表不只有你一封，而是很多封，所以在思考這些細節時，都要把數量放大到幾十倍、百倍，甚至幾百倍來思考。當你想像得到收件者的信箱有很多信件時，就可以想到怎麼做可以讓收件人更輕鬆。這些雖然是小細節，但我們對一個人的印象，往往就在這些小細節裡不知不覺地醞釀出來。

至於履歷表的設計也很重要，因為當收件人打開你的履歷表後，他會在一秒內對你的設計和排版產生第一印象，例如你是個嚴謹、講究還是隨性的人，這就是為什麼花點時間找一個簡潔易讀的履歷表模版來用很值得。許多譯者的履歷表是自己用 Word 表格設計而成，但我們畢竟不是專業的設計師，大部分的排版都欠缺良好的閱讀體驗。建議在網路上挑一個你順眼的設計下載使用，現在甚至有很多雲端履歷表，只要按照欄位填寫，最後再選擇要套用的模版即可，也可下載成 Word 或 PDF 格式的履歷表。

最後要說明的是，寫履歷表是一個長期的過程，它不只是我們寄出去的個人宣傳單，還可以發揮幫我們回顧、省思過往工作的功能。如果你打算常用推力式行銷的通路來接觸客戶，那麼打磨好履歷表就顯得更重要了。其實，寫得好的履歷表並不多，如果花點時間把它寫好，多從面試官的角度思考，履歷表也可以為你帶來很不錯的效益。

如果要應徵的對象是出版社，那麼除了履歷表之外，我認為「提案書」有可能是個更好的選擇。雖然寄提案書也屬於推力式行銷，但它不是直接推銷你自己，而是推薦一本書給出版社。當然，在寄提案書時我也會附上自己的履歷表，但信件的重點還是以你要推薦的書為主，因為從出版社的角度來說，一本適合它們出版的書可以為出版社帶來收入，也因此更容易吸引它們注意。關於這一點，譯者林凱雄有詳盡的分享。

譯者訪談 書籍譯者林凱雄

並非翻譯本科系出身的書籍譯者林凱雄，從二〇一五年起成為自由譯者，初入行時沒有任何人脈引介他認識出版社。出於對書的熱愛，他主動向出版社提案出版新書，順利成為書籍譯者，至今仍與出版社保持密切合作。

問：你為何會想到用新書提案的方式接觸出版社？

我從二〇一五年起成為專職自由譯者，因為喜歡閱讀與翻譯而選擇這個職業，所以目標主要放在書籍翻譯，間以商業文件翻譯或文案創譯。我沒有語文相關的學經歷，加上移居國外多年，在出版業沒有什麼人脈可言，起初就如同大部分新手，先度過了一段青黃不接的時期。那陣子我偶然讀到一本很欣賞的書，心想要是能譯介給台灣讀者有多好，於是就真的著手翻譯了幾個章節。後來我查詢了同類型書籍在台灣的出版狀況（作者是否已經進入台灣市場、哪些出版社出過同類型書籍、讀者評語……等等），聯絡一家出過相關書籍的A出版社，向他們介紹這本書，並且附上自己做的上萬字譯文。

結果A社編輯回信給我，說明他們因為一些考量不會出版這本書，並且給了我一些回饋。這個經驗以結果論不算成功，但我因此有幸獲得編輯青睞，透過他的引介接到B出版社的書籍翻譯，後來又有C出版社看到我為B社譯的書而主動與我聯絡。過了不久，最初的A出版社也回頭找我合作其他書籍。總之，我從一封書籍推薦信加上試讀譯文，像滾雪球般，為自己開啟後續的工作契機，並且跟當初的A社編輯合作至今。

前面說過我是因為喜歡閱讀而入行的，當初也是興趣使然而主動聯絡出版社，當時我沒想到自己這麼做是在「提案」、「開發通路」。我後來發現，原來很多人並不覺得主動聯絡出版社會有用，他們認為出版社不用新手天經地義，投履歷沒下文是剛好而已，所以比較鼓勵新手剛入行時先找翻譯社或透過人脈接案。我只能說事在人為，看你是怎麼跟對方聯絡。很多人向出版社投履歷石沉大海，我卻接到了案子，而且只試一次就成功。我不是在強調個人威能，這其中肯定有運氣成分，而且我相信很多人比我更有實力。那麼像我這種半路出家的小咖都能做到，其他人應該也能試試。

問：你覺得用這個方式接觸出版社，有什麼特別的地方？

以提案而言，我覺得這是一種求精不求多的路線（想想出版社一天可能接到多少履歷……），而且會逼你更去了解出版市場。回頭想想，提案好像也沒那麼容易，這當然需要鼓起勇氣，但我後來發現增加成功機率的地方在於，我因此（不知不覺地）開始思考翻譯以外的問題。我一直覺得自己工作的使命是把好作品譯介給台灣讀者，但怎樣是「好」作品，讀者／編輯又有什麼想法？如果你想當一個主動介紹書籍的譯者，這就是在翻譯之餘要去探索的了。純粹自娛，當然是愛讀什麼就讀什麼。如果只是單純接案又不挑書，也不用想這麼多，把分內事做好，編輯也會很喜歡你。有些人可能還會覺得幹嘛不專心鑽研文字就好。但是當它成為你想更主動投入的工作，請別忘了想想你的合作伙伴跟讀者可能在哪裡。總之，我想這從商業術語來說可能就是為了「開發通路」，你必須「了解你的客戶」。

問：你目前因為用這個方法，而接到多少書的譯案？

以最初提案那本書而陸續獲得的所有工作機會計算，共有近十本書，佔所有譯作大約一半。我在入行兩年多後脫離青黃不接的狀態，想把檔期排滿不會有太大問題。當然，我想很多譯者就算沒有大費周章提案，大約也能在入行第二、三年開始有穩定案源，甚至更快。但我想我比較幸運的地方是省去了海投履歷又四處碰壁的煎熬。入行至今我主動聯絡過的出版社應該只有十家吧。利用提案的方式，我也比較確定能譯到自己喜歡的書籍類型（不過我不是很挑剔啦）。

題外話，除了提案，我譯的其他書籍都是趁編輯在網上徵求譯者時去應徵上的。把握這種公開徵求試譯的機會也很好，因為你可以確定編輯那時候真的需要人，好好表現，新人也有機會拿到案子。譯一本文字書通常要個把月，工作排滿後就比較難（其實也比較不需要）再去「開發新客戶」，編輯也會把我介紹給同行，所以後來比較少再提案。不過我一直都會跟編輯聊書、向他們推薦書，熟了以後也不用講太多，有時丟個連結、重點介紹幾句就好。我連版權聯絡窗口都會先找好附給編輯。我在國外逛書店的遊戲之一，是跟自己打賭我相中的書會不會在台灣上市。我的命中率還不錯唷，也曾經推薦書給編輯，結果編輯回報：「版權已經被別家買走了，殘念！」

此外，我也很好奇其他讀者的想法，所以會在一些網路閱讀社群跟讀者交流，最近也開始用部落格分享書訊。這會為我帶來什麼實質利益，真是天曉得，但至少我在這過程做得很開心，也覺得符合初衷。

問：你覺得這個方法和大多數譯者用的翻譯社或熟人介紹相比，優點和缺點各是什麼？

提案的優點是…命中率很高？（哈哈哈，孤證不立，僅供參考）。我覺得提案的缺點其實也是優點，就是要花比較多心力準備，也就是投入的「成本」會比較高吧。如果最後還是不成功，感覺可能有點嘔。我要為一本書準備長篇試讀譯文，還要撰寫介紹、調查國內出版社，甚至得聯絡國外作者與出版社。所以也不像單純投履歷，可以在短時間內一次發個上百封信。

但我也因此覺得這應該很適合新手，因為新手通常就是案少時間多？把待案時間拿來練習寫提案，順便練譯筆，我認為是很好的自我投資。如果你很喜歡翻譯，應該也會樂在其中。當然我知道有些人的生活有其他負擔，例如是兼職或有家累，所以盡力而為即可。總之，用自我投資的心態去看待這件事（這確實是在自我投資），或許可以稍微減輕得失心，從中累積的能力也能應用於各種工作。

另外就是，就算最後努力無果，也可以試著詢問編輯意見，不一定是針對譯文。如同我的經驗，有時主要問題是你提的書不符合出版社某些需求，可以藉此了解編輯的考量。有些編輯雖然很忙，看到努力認真的新人，還是會不吝給予指點鼓勵，這時候真的要很感謝他們。或許出版業的大環境不佳，但我覺得大多數人還是懷抱善意的。我覺得越是要花心力主動投入的事情，越能從中看到自己的能耐、了解自己跟別人，而不是陷入一種機械式的工作狀態。

問：除了接到翻譯案子之外，你覺得這個方法是否能給你其他樂趣或附加價值？

我想來借這個問題來聊聊自己在出版業的其他探索。我移民國外已久，跟台灣的關係其實有點若即若離了，但我也很慶幸自己目前旅居倫敦這個全球出版業重鎮，相關活動極多，如果我想的話，天天都可以跟各國出版人交流。此外英國的書籍譯者協會非常活躍，給予譯者很多支持，也有發達的互助網絡。

我是書籍譯者協會的會員，每年也會去參加倫敦書展。我曾經在展場上遇到我譯作的原出版社，結果他們邀請我加入他們的譯者人才庫。我也在譯者協會的講座上認識作家經紀人，對方知道我是來自台灣的譯者後，主動提議跟我合作把他旗下作者推到台灣。雖後來因為待遇談不攏而作罷，但我因為這次經驗，決定參加版權研習營。後來也證實參加版權研習營是我最美好的經驗之一：就是一場聊書大會啊！在版權營的推書工作坊訓練，也讓我更了解該怎麼有效地推書、抓住編輯注意力。

透過這些活動，讓我遇到很多對出版產業也有熱情與想法的人，例如我發現英國就有很多譯者積極向出版社提案，編輯也表示他們信任譯者的推薦；有些譯者跟原作者或編輯的關係有如事業伙伴。我跟英國的譯者交流，從他們身上學到很多，更重要的是我覺得心胸是否開闊，跟你用什麼眼光看待自己的角色有關。英國書籍譯者的酬勞以當地生活水準衡量也不高，不過很多書籍譯者對翻譯還是極有使命感，積極將外國作品引進英國書壇，關注產業環境，對相關研究與科技發展有所涉獵，甚至會自掏腰包成立翻譯獎鼓勵後進。看了真覺得有為者亦若是。我想這也是我順著自己的興趣，選擇去更了解出版產業，所得到的收穫吧。

觀察各式各樣的人、了解不同的看法，會讓人對翻譯工作有另一番領會。我不會特別去想我參加活動或找業界人士聊天是為了圖利，畢竟這結合了我的興趣，不為工作我也會去做。說到底，我想人如果有幸能順著興趣發展，的確會比較持久跟快樂，也比較容易觸類旁通。那當然活在世上有很多現實面要考量，我最後覺得就是在能力所及內盡力而為，同時敬畏命運的無常，時時提醒自己初衷何在。當然人的想法跟世事都會變化，遇到這些時候（有時可能讓你覺得很不如意）也可以試著保持開放，評估該如何調整自己能掌握範圍內的作法。不管未來如何，我覺得能有這段譯者的經歷非常幸運，也祝福大家在這條路上走得豐富愉快。

接案平台

曾使用過接案平台的譯者不在少數，也是新手剛入行時容易想到的案源管道。不同的平台各有不同的市場定位和機制，可為譯者接觸到的客戶也不太一樣。使用平台前應先瞭解平台的各項細節，較能評估是否適合自己。

		案件型態	
		Gig	專案
收費模式	會員費 （成交前收）	---	ProZ 104 外包網
	分潤 （成交後收	Fiverr	Upwork

表 9-1／接案平台的不同收費模式與案件型態

較早成立的接案平台，通常要求自由工作者在案件成交前先繳交會員費，例如台灣的 104 外包網、ProZ、TranslatorCafe 等，會員費通常一年約三千多台幣。這種收費模式的缺點是在你還不確定是否會接到案子之前，就要先繳一筆會員費。付費取得會員資格後，你就可以瀏覽案子和客戶資料並競標出價，但仍無法保證會標到案子。

相較起來，越來越多平台多以成交後分潤（抽成）的方式收費，這種方式對自由工作者相對來說比較有保障。這類平台大多也以競標專案的方式進行，例如 Upwork。後起之秀 Fiverr 的機制則稍微不同，它不是以客戶的專案為單位，而是以自由工作者自訂的方案（Gig，或翻「零工」）為單位，所以客戶購買的是方案。例如，有一位譯者在 Fiverr 自訂了三個方案如下：

A 方案	B 方案	C 方案
999 元	1990 元	2500 元
限翻譯 500 字以內	限翻譯 1000 字以內	限翻譯 1000 字以內
限改 1 次	限改 3 次	限改 5 次
4 天內交件	3 天內交件	1 天內交件

圖 9-4 ／ Fiverr 的方案示意

以這個例子來說，客戶若有急件共一七〇〇字，他可以透過購買兩個 C 方案共五千元，請譯者幫他完成翻譯工作。Fiverr 這個名字來自 five，起初強調小任務都可只花五美元找到人幫你完成。例如，我曾在 Fiverr 花五美元請人幫我去背兩張有髮絲的照片（根據設計師的方案，我可去背二十張）。所以，Fiverr 主打的是完成小單位任務為訴求，或所謂的零工。在強調零工或碎片化任務的情況下，Fiverr 的機制天生會有把價格拉低的傾向，但好處是你和客戶都能在事前確定費用，不需競標也不用討價還價。Upwork 以傳統競標客戶提出的專案為方式的平台，好處是價格相對比較不會被拉得太低，但需要花時間競標和等待，和投履歷表到客戶的信箱類似。所以，不同平台訴求和吸引到的客群不同，這是使用前應該先瞭解的地方。

不管你要用哪一個平台，國外或台灣本地的，建議都先上網研究。尤其國外的平台有很多比較和推薦文，甚至也有不少人錄製影片說明，仔細看過並實際瀏覽案子才能知道哪一個適合你。綜合來說，接案平台的優點和弱點如下：

優點

1. 對象具體：在網路搜尋就可以找到很多平台，容易聚焦。

2. 機會多：平台上永遠有案子。
3. 開拓直接客戶：若你想拓展直接客戶，平台是個捷徑，上面有許多公司客戶。
4. 抽成較低：由於平台不負責品管，所以抽成比例比翻譯社或本地化公司低，一般約為成交金額的二到三成。[2]

弱點

1. 會員費：部分平台要求自由工作者先付費成為會員後才可競標案子。
2. 競爭激烈：平台是譯者容易想到的通路之一，發案訊息一釋出往往有許多人競爭。不過，和主動投履歷表相比，這種通路的優點在於你可事先知道案子的具體內容，因此更能依客戶需求撰寫你的提案。如果你的提案寫得充分，這個通路的成功率通常會比純投履歷表高。
3. 天花板明顯：平台一般讓自由工作者以競標取得案子，長期下來平台上的費率勢必走低。不過，任何市場在長期裡費率都會走低，所以善用定位很重要。

熟人介紹

前面的章節已經說明過熟人介紹，這裡不再贅述太多。在 AIDA 的架構裡，熟人介紹是取得新客戶效率最高的方式，但由於熟人的人口基數不多，所以往往緩不濟急。但即使如此，熟人介紹仍然是非常有用的途徑，所以我們應該善用自己的社群媒體或社交圈，適時讓親友和弱連結人士知道我們的專業。

2　曾有譯者和我說，外包／接案平台只是一個網站，抽三成佣金是否太貴？其實三成是很常見的比例，在其他類型的平台，抽四成或五成的所在多聞。表面上平台只是一個網站，但它要做的事情絕對不只是把網站做好而已。實際上，平台要花很高的成本「獲得客戶」，也就是吸引需要發案的人平台來發案。平台獲得客戶最主要的手段是廣告，因為越多人知道平台的存在，人們就越傾向信任它。另外，平台也需要聘請業務員到各大企業「拉客」，給企業各種誘因到平台找人才。平台是一個很不容易經營的商業模式，它是一個典型雞生蛋、蛋生雞的循環：如果平台的案件不夠多，人才不會聚集；如果人才不聚集，平台上的案件就不會多。為了打破這個循環，平台都要靠廣告和補貼才能運作，因此抽三成有一定的必要性。

譯者少用但值得用的通路

除了上述譯者常用的通路之外，其實還有其他可施展「拉力式行銷」的通路可用。對自由譯者來說，整張商業模式畫布上最有發揮空間的是客群裡的「直接客戶」。選擇不透過翻譯社委託案子的客戶很多，但它們的行蹤不明顯，不像翻譯社、本地化公司或出版社容易鎖定，因此若想擴大接觸直接客戶的機會，屬於拉力式行銷的通路就是另一種辦法。

前面提過，拉力式行銷是指用潛在客戶有興趣的東西吸引他們主動注意你，這種方法讓潛在客戶對你的接受度比較高，也比較不會覺得被打擾。這種方式雖然無法讓你在短期內得到客戶，但從中、長期來看，它的效果比推力式行銷好，因為你在網路留下的足跡，都可讓潛在客戶有機會主動找到你。

部落格

如果潛在客戶常常搜尋到你的內容，並從你的內容看出你能夠提供價值給他，他自然有機會漸漸走進你的 AIDA 漏斗。我常和譯者分享，對文字工作者來說，寫部落格並將文章轉載到臉書或其他社群媒體，是相對最經濟實惠的作法。留下文字，潛在客戶就有機會透過關鍵字按圖索驥到我們的內容，接著透過內容評估我們的專業，進而洽談合作。有越來越多譯者告訴我，客戶是搜尋到他們在臉書或 PTT 的文章，進而與他們洽談合作。如果你想開始寫部落格，以下是我的一些建議：

1. 如果你想擁有部落格或網站，可選擇 WordPress 免費版。
2. 如果你想長久經營自己的部落格，可選擇 WordPress 付費版。
3. 如果你只想先找個地方寫文，可選擇 Medium 或方格子免費版。

如果你想長期撰寫內容，建議一開始就選擇 WordPress 免費版，這樣將來若要轉付費版比較簡便。全球有三七％的網站都是用 WordPress 架設而成，例如紐約客、紐約時報、BBC 美國、新力音樂、路透社部落格、微軟新聞中心等，整個生態成熟完整，各種外掛功能也十分齊全。如果你只想先牛刀小試，也可選擇現成的 Medium 或方格子。台灣最大的部落格平台是痞客幫，但我不推薦痞客幫是因為它的版面充滿了廣告，甚至還有蓋版廣告，從讀者角度來看會嚴重影響你的形象和專業。在部落格平台寫好文章後，你就可以轉貼到其他社群媒體平台增加曝光。常見的社群媒體包括以下。

臉書粉專

最常見將貼文轉載至臉書粉專，轉貼過來的好處是當有人認為你寫得不錯時，很容易就順手分享出去，等於把你的文章也曝光給他的人脈圈看。當別人從臉書看到你的文章時，若發現你的文章對他有幫助，也可以很方便追蹤你的粉專，並持續看到你的新貼文。使用粉專的好處是，粉專管理員可以看到每篇文章的成效，包括粉專瀏覽次數、貼文觸及人數、貼文互動次數等，讓你瞭解你的粉絲喜歡哪一類文章，如果將來要投放廣告，粉專也很方便。

LinkedIn

LinkedIn 是和工作與客戶開發相關的社群媒體，與臉書比較著重於私人社交圈很不一樣。不少譯者都有 LinkedIn 帳號，只要將個人資料填得詳細完整，過一陣子大概就會有本地化公司來接洽。但這裡要說的不是在 LinkedIn 接觸間接客戶，因為這些公司本來就不算太難接觸。這裡說的是透過 LinkedIn 找到直接客戶，尤其是外國客戶。在 LinkedIn 拓展客源時，步驟和前述 STP 策略一樣。先確定你想鎖定哪些客戶，然後針對它們撰寫你的個人資料並追蹤它們，時時注意它們的消息，並在適當時機傳送個人化訊息給對方並「建立關係」（connect）。

例如，當你追蹤的潛在客戶在 LinkedIn 表示正在研發某個新產品，你便可傳訊息給對方，表示你可協助相關的翻譯工作。傳訊給對方時，需謹記訊息要相關且可信，讓對方感受到你確實瞭解它們和它們的需求。我在 LinkedIn 常收到建立關係的請求，但認真寫自我介紹的人很少。如果你想和潛在客戶建立關係，就要像前述寫求職信一樣言簡意賅地自我介紹，讓對方感受到你的誠意。

將你在部落格寫的文章轉載至 LinkedIn，讓潛在客戶平時就有機會看到你的專業，並瞭解你能夠提供它們到位的服務。持續用你的內容加深客戶對你的印象，讓它們在有需要時想到你。

其他社群媒體

除了 LinkedIn 和臉書，你還可以用社群問答平台。問答平台是一個很不錯的途徑，你可透過回答別人的問題展現出專業。本名叫陸子淵的台灣動畫師兼 YouTuber 六指淵，曾分享他接案的心得。很久以前，他出於對影片製作的熱忱，常主動在 Yahoo 知識 + 解答大家對動畫的問題。

Yahoo 知識 + 是台灣的問答平台，以前有很多人在上面問各式各樣的問題，也有人熱心回答問題。當時 Yahoo 知識 + 允許回覆者填寫 Email，於是六指淵都會留下 Email，沒想到意外獲得許多客戶。六指淵說，他一開始只是單純想解答別人的問題，沒想到許多人透過搜尋引擎找到他的答案，還有一些人乾脆直接委託他製作動畫，他初期很多客戶都是這樣來的。

臉書和其他社群媒體興起後，如今知識 + 已經較少人使用了，但我仍然常在搜尋資料時找到知識 + 的解答，可見使用這個平台回覆別人問題的人，至今仍有可能從那裡獲得各種機會。人們尋求解答的需求永遠存在，瞭解你的潛在客戶可能會去哪裡發問，並給他們優質的答案，同時讓它們能夠「循線」找到你。或者，你也可以在這類平台搜尋潛在客戶最常問的問題，以這些問題為主軸規劃你的部落格貼文，也有機會讓潛在客戶找到你。如果你想鎖定國外的客戶，就要知道國外的人都在哪裡找答案，例如美國常用的是 Quora 和 Reddit。

LINE 通訊軟體的群組也是你可以使用的通路，它會帶你接觸到屬性不太一樣的客戶。類似LINE的群組屬於封閉的社交媒體，通常需要有人邀請才可進入群組。這種封閉型群組的好處是，成員通常凝聚力更強，且客群屬性更明確。若你想接觸的潛在客戶集中在某個群組，就可協請已經在群組裡的人將你加入並。加入後，主動提供成員有價值的內容，包括文章、見解、解答等都可以，讓成員漸漸對你產生專業的印象。例如，我有一位朋友在台灣外貿協會供應商的群組，群組裡常有廠商需要翻譯服務，若加入該群組並時時提供大家有幫助的資訊，將有更高的機會獲得案子。

譯者訪談 *Crystal Dawn*

Crystal Dawn 是遊戲譯者，在遊戲翻譯圈知名度很高，經營 Crystal 譯言難盡臉書粉絲專業。他目前與《鏡週刊》期下的《鏡漫游》搭配，每週發表一篇文章介紹遊戲。

問：可否分享你入行的契機？

我大學念外文系，主修英文，當時選修過翻譯課程。二〇一二年大學畢業後進入外商公司做遊戲翻譯，專門做遊戲本地化。我做了一年的譯者，後來公司也讓我同時做專案管理的工作，我在這家公司總共待兩年。

問：你如何找到這份工作？做遊戲翻譯有哪些地方需要特別注意？

我一開始沒有積極投履歷，因為原本想考翻譯研究所。後來這家公司在批踢踢踢譯者板找到我。我當時沒什麼經歷，不是很確定對方為何會找我，後來他們跟我說，因為客戶很滿意我的試譯結果，才會決定用我。我對遊戲很有興趣，很喜歡遊戲，而且覺得遊戲產業也比較穩定。遊戲譯者的需求越來越高，不少人有興趣，也有很厲害的譯者，但產業還是很缺人才。

我後來轉當自由譯者時，案件大多來自台灣本地的翻譯社，價格比外商低。我認為要愛玩遊戲才能做這行，有些人想做遊戲翻譯但自己本身不玩遊戲，這樣不太合適。我玩的遊戲很廣，不會侷限在特定類型。另外，我算比較細心，本地化很多細節像是 placeholder、術語都很重要，有些人會忽略這些細節。針對遊戲類特別設計的試譯，是有辦法測出對遊戲的理解力的。對於不玩遊戲的人，即使通過試譯開始接案，後續可能也有很多需要學習的地方，會比較辛苦。

問：除了遊戲翻譯，你還翻什麼樣的內容？

目前遊戲的案件來源都是本地化公司，但我也接過一些廣告行銷類的商業文件。雖然嘗試新東西很有趣，但超出我領域太多的案子我不會接，例如財經、醫療等等。早期遊戲案源還沒穩定時，我接的案子類型比較雜，那段時間我真的學到非常多新的東西，例如如何用簡單的廣告詞抓住受眾目光、如何讓文風更直白通順。我覺得是那段時間奠定的基礎，讓我後來得以成為文案寫手，做一些翻譯領域之外的工作。

問：可否聊聊你的粉專？

我當初做粉專單純只是想寫一些東西分享給別人，也沒有刻意打廣告，卻意外讓客戶透過粉專找到我。這些客戶大多用關鍵字搜尋到我的臉書粉專，還有一些外商會請懂中文的員工找人，進而透過粉專詢問我是否要接案。我也有用 LinkedIn，但更新資料的頻率不算高。現在我的工作案量相對穩定，就沒有特別經營 LinkedIn，不過使用 LinkedIn 確實比較容易吸引外商注意。

問：你雖然很年輕，但在遊戲翻譯圈已有相當的品牌能見度，你覺得是什麼原因？

我想我有一定能見度原因是因為堅持自己的原則，要求交出去稿子品質都要高且一致。我認為譯者也需要包裝和行銷自己，增加自己的曝光度很重要。經營社群媒體對自由工作者非常有幫助。

以前一開始做遊戲翻譯時並沒有很在意薪資問題，會願意花很長時間好好做一個案子，單純希望交出去的品質是最好的。我有一次幫客戶改二十幾個字就花了一個小時，我沒有去想值不值得的問題，只是想把事情做好。至於現在我挑案子時也不一定會用價格挑，還是以自己喜歡的案子為主。

社交活動

譯者參加產業內的活動可獲得業界情報並認識其他譯者，包括認識語言配對和你不一樣的譯者。認識語言配對和你不同的譯者，好處是你們可將自己處理不了的案子轉介給對方，不會形成任何競爭關係。但實際上，認識語言配對與你相同的譯者也有好處。我們難免都有消化不了的案子，這時候如果你有信任的同儕，不妨將案子轉介給同業，也可免除客戶要靠自己想辦法的不便。

也許有些人會擔心，「如果把客戶介紹給其他譯者，以後客戶不回頭找我怎麼辦？」首先，就像我前面強調的，經營一門生意或職涯時，盡可能養成以客戶的需求為考量的習慣。或者，你可以試著換位思考：「如果我是客戶，我希望譯者如何幫助我？」你會希望譯者婉拒你讓你自己想辦法，還是他主動推薦其他也很優秀的譯者給你？我想大多數人應該都希望是後者。所以，當你換位思考後發現自己希望別人如何待你，你就該如何待人。幫客戶解決問題、幫他們達成目標，是經營職涯時最重要的考量。

至於客戶是否會回頭找我們，這個問題固然也很重要，但不應該以犧牲客戶體驗來處理。如果你介紹其他譯者給客戶，客戶因此就不再來找你，這時候要思考的應該是「那位譯者哪裡做得比較好？我該向他學習什麼？」。實際上，如果客戶不信任你，他根本不會相信你推薦的人，所以不必過慮。就我和我身邊譯者來說，即使我們推薦其他譯者給客戶，客戶後來還是會來找我們協助。

以上是譯者參加業內聚會的好處。不過，譯者的客戶通常不是譯者，所以除了參加業內活動外，若想開拓客源也應該參加潛在客戶的活動。但是，許多譯者是內向人士，包括我自己也是，所以如果你對於參加陌生聚會有恐懼，我完全懂你的心情。直到現在，當我參加陌生的聚會時，我還是無法完全泰然自若。但即使如此，還是希望你一定要嘗試克服這種恐懼感，尤其如果你想提高與直接客戶往來的比例，就更需要加入它們的社交圈。

比利時譯者 Herman Boel 告訴我，多年來他每次參加潛在客戶的活動，現場幾乎永遠只有他一位譯者，但這些客戶明明都需要翻譯服務，無奈譯者都不會參加它們的活動。參加活動前，先對發起活動的組織和活動的內容有一定瞭解，並準備好一些可和與會人士提問或攀談的問題。如果到了現場才思考要說什麼，通常只有焦慮和緊張。另外，別忘了在現場和大家交換名片，並準備好約三十秒的自我介紹。自我介紹的內容要讓人印象深刻，最好還要加上讓對方聽完後可以接話的橋段。關於這部分，就來看看 Herman 的作法。

如何克服社交心理障礙？

Herman Boel 曾和我分享他如何克服與陌生人社交的心理障礙，他說自己是個有點內向的人，但當他意識到自己必須走出去才能開拓客戶，才能讓他的職涯有所成長時，他還是決定走出去。他不僅是個勇於面對恐懼的人，我認為他的策略還很聰明！

他說他真的很內向，所以當他到潛在客戶聚集的會場時，一開始會找和一樣「落單」的人攀談。由於落單的人通常也在焦慮自己落單的事，所以和這些人攀談雙方比較容易「惺惺相惜」。幾次聊開之後，他發現「其實和陌生人攀談也沒什麼可怕」。現在，他不再害怕和陌生人攀談，事實上他還很喜歡這樣做。

他的自我介紹是在家打磨過很久，才拿到會場上來說的。例如，他從不說「我是譯者」，因為這樣的自我介紹聽起來很平淡，對方聽了也往往不知道該怎麼接話，所以他都說「我用翻譯幫客戶開拓市場」。通常對方一聽到他這樣說，兩眼就會亮起來，興致盎然地問他是怎麼做到的，然後話匣子就打開了。最後，雙方很自然就會交換名片。

回到家後，他會依循名片上的資訊，在 LinkedIn 找到對方的帳號，並寫一封個人化的訊息，詢問對方是否可加為聯絡人。他會告訴對方很開心在會場上認識他，藉此再次加深潛在客戶對他的印象。此外，他還會用軟體記下和潛在客戶認識的時間、地點以及大致的交談內容，以後若看到或聽聞任何對方可能有興趣的資訊，他會寫信和對方分享，用這種「自然」的方式再次提醒客戶他的存在。又或是，如果客戶需要什麼協助，他也會馬上打開他的客戶管理軟體，看看有哪些認識的人可以推薦給客戶。

他說，你不能期待用這種方法能夠馬上得到案子，但是當你長期真心地分享對別人有用的東西，別人也會用一樣的方式對待你。

個人網站

除了用像 Medium 這種部落格平台之外，當你持續撰寫文章並累積出一定的讀者時，也許就要考慮搭建自己的網站，這也就是為什麼使用 WordPress 是一個很不錯的解決方案。一開始你可以用免費版本，之後若想把它轉成你的個人網站，可以相對簡單方便。在自己的網站寫文章和在部落格平台寫文章，兩者最大的差異在於是否有自己的網域。

網域是網站的地址，需要付費才能取得，不過價格非常便宜。以 Termsoup 來說，我們網站的網域是 termsoup.com。自有網域的好處是，所有造訪你網站的流量都會算在你的網域，但如果你用的是別人的平台，那些人潮都是算平台的，等於在幫別人培養粉絲。越多人造訪的網域，在搜尋引擎的排名也會越前面，等於越容易被更多人看到，所以理想上最好將流量都留在自己的網域上。

另外，使用一般部落格平台的另一個問題是，你的文章能見度也深受平台演算法和政策影響。你可能三不五時聽說，臉書改變演算法後粉專的觸及率大幅下降，有些粉專甚至只能靠不斷買臉書廣告維持曝光度。一開始當你還在摸索方向時，使用平台是一個好方法，可以讓你省掉很多架設網站的麻煩。但當你的文章有越來越多人看，或你希望呈現出專業的形象，這時候就可以考慮使用自有網域。

擁有自己的網域的另一個好處是，你可以用外掛程式碼追蹤網站成效，瞭解造訪網站的人的地區、性別、興趣、喜歡看哪些文章、看完後是否會看下一篇、是否會分享你的文章等，這些都是非常寶貴的數據。當你優化網站時，這些數據都是重要的參考依據。Google Analytics（GA）是知名的網頁追蹤軟體，而且它完全免費，Google 也提供免費線上教學教大家使用 GA，坊間也有很多課程，你也可線上考 GA 證照。

在國外譯者圈裡，架設個人網站的譯者並不罕見，有些譯者認真經營網站幾年後，甚至可靠網站獲得穩定足夠的客源，不再需要仰賴翻譯社或熟人介紹。在現今的世界裡，若無法在網路固定、穩定地曝光，就等於少了獲得客戶的重要管道。個人網站就像你在網路的店面，有了店面後就能用各種網路行銷方法讓潛在客戶循線找到你。網站可以做到的事情包括讓搜尋引擎更容易找到你、即時回覆客戶提問、報價、和策略夥伴交換連結、張貼客戶為你撰寫的推薦文等。

優點

1. 提高能見度：在自有網站撰寫潛在客戶可能有興趣的內容，可提高客戶找到你的機會，讓你的客源不只限於翻譯社和熟人。
2. 自主性高：自有網站較不易受平台政策或演算法影響，也不用被中間商抽取佣金，可自己決定行銷活動和定價策略。
3. 了解客戶：你可透過軟體了解潛在客戶的行為，包括客戶用什麼關鍵字搜尋到你的網站（這點非常重要）、客戶看哪些頁面、客戶停留的時間等。這些資訊有助於你更了解客戶並據此優化網站，讓網站更容易被潛在客戶搜尋到。

弱點

1. 短期難有成果：經營網站絕非一蹴可幾，需要長期耕耘，通常六個月內不會看出效果，但經營得當通常一年後可開始有成果。經營網站就像減肥－減重本身不是最難的，難的是維持。要讓網站持續為你帶來客源和機會，你要不斷更新內容，如此必須將行銷納入你日常工作的一部分。

2. 需跨領域知識：除翻譯之外，還需接觸網路行銷知識等跨領域知識。

譯者訪談 Herman Boel

比利時譯者 Herman Boel 曾在翻譯社擔任專案經理，後來成為自由譯者。由於有豐富的管理經驗，加上他又去上和拓展業務相關的課程，後來職涯發展蒸蒸日上。他最廣為人知的是，他幾乎在所有地方都會放自己的照片。不僅 Email 簽名檔有照片，在社群媒體的貼文也都會放照片，甚至報價單上也有照片，讓人印象深刻。以下是我訪談他的內容。

問：可以聊聊你在翻譯產業的經歷嗎？

我一九九五年翻譯系畢業，在電視台工作一年後，輾轉在四家翻譯社擔任專案經理十五年。二〇一一年成為自由譯者。

問：你為何決定當自由譯者？

我在四家翻譯社工作過，發現裡面的控管流程不太對，覺得我自己來會更好。我認為，所有翻譯都應該要有別人審查，但這四家翻譯社都沒有這樣做。有些頂多用軟體跑一下品質管制流程，有些完全沒有，但四家都沒有校對人員的編制。另外，有些翻譯社說自己符合 ISO 規範，但那不代表什麼，把檔案打開一下馬上就關掉也可以說自己符合規範。

另一個原因是，工作十五年後我不想再幫老闆工作，而且工作環境不一定都很愉快。我想要愉快地自己工作。

問：當過專案經理，對你經營自由工作有沒有幫助？

有幫助，因為在我當自由譯者之前，我對整個產業就有很完整的瞭解。例如我對各種軟體都很熟，我知道客戶要什麼，我也認識很多譯者。另外，我的時間管理很好，工作也很有效率，也知道該怎麼把案子外包出去，判斷一位譯者是否適合共事的能力也很好，我知道該如何找到合適的人做事。這些對於我日後當自由譯者很有幫助。

問：你怎麼會想要建立自己的網站？你是在離開全職工作後才有網站的嗎？

當自由譯者之前我就有個人網站，但不是為了工作而做，當了自由譯者之後，我才有為了經營事業用的網站。如果你要的是經營一份事業，要拓展直接客戶，那就該有網站，這是很自然的事。但是在做任何行銷活動之前，有幾件事要知道。

第一，和直接客戶合作前，先確定你的**翻譯品質和客戶服務都很好**，因為如果不好你的行銷都是白搭。第二，**要有領導力**，意思是你要能夠領導、指引自己，要有自信，不要受到負面經驗影響，而是要從中學習。第三，要有耐性，耕耘兩年後看到成果是合理的時間。很多譯者做行銷做了三到六個月後覺得沒有帶來新客戶，他們就放棄了。不對，你要堅持下去。記得每年都至少去上一門和行銷、創業、領導力有關的課程，經營一門事業的意思是你要不斷學習。

很多譯者不喜歡接觸商業知識，在比利時也是這樣，其實大多數譯者都是這樣。我的看法是，你要輕鬆單純就去和翻譯社合作，拿很低的稿費，但選擇了就不要抱怨。這話不太中聽，但事實就是如此。或者，你可以選擇和直接客戶合作，投入必要的投資然後拿到高很多的價格，並和客戶維持夥伴的關係。我當自由譯者有一段時間都和翻譯社合作，三年前決定開發直接客戶後，我就開始上課學習，兩年後我的收入翻倍。

問：有些人認為，他們不確定投資是否能有回報，因此非常猶豫。你會給他們什麼建議？

不管是投資軟體、課程還是行銷，做這些都是為了讓你能**在未來做得更少卻得到更多**。經營一門生意時，重點是把事情做得聰明，而不是做得更多（Do it smarter, not harder）。很多人只看短期，只在意買課程和軟體要花多少錢，卻不看你會從裡面得到什麼。有些人很奇妙，一方面什麼都要免費，另一方面又抱怨翻譯社給的價格低。翻譯社對你的態度，不就是你對別人的態度嗎？

另外，去社交也是投資，投資的意思是報酬不會發生在投資當下，但你一定會有收穫。對我來說，社交的真正目的是學習，至於之後有沒有業務合作再說。有一次我去一個場合，遇到一位賣籬笆的廠商，我完全不懂籬笆所以不可能賣我的服務給他。但我趁機向對方討教：很多人都在賣籬笆，你如何和別人區隔？那天我學到很多，也思考他的方法有哪裡可以借鏡。我去其他領域專業人士的社交場合時，現場幾乎永遠只有我一位譯者，我覺得非常可惜，因為他們都需要翻譯。

有時候我去一些場合拿到名片，我就會用軟體管理，等到哪天有人問我是否認識會某某專業的人，我就馬上把軟體打開找我的名單，然後把人引介給對方。你這樣做久了，其實自然也會有人幫你。

問：你當過專案經理，你認為這個經驗是否讓你更容易有經營的思維？

一開始有幫助，但譯者如果願意去上課也會有幫助。在此你要問自己兩個重要的問題：一、三年或五年後，你希望你的工作和人生是什麼樣子？二、你該做什麼才能達到那個樣子？第二個問題的答案要夠具體，你才能達到第一個問題的答案。如果你希望你的自由譯者職涯起飛，你就要去上課、去學習。另外，要把你的目標設定得高，因為當你的標準越高，你的行動就會截然不同。

還有，有些譯者其實很怕賺錢。最近一位譯者說，他接了一個案子收了客戶一百美元，心裡覺得不安，因為「我花半小時就做完了」。你為什麼要用工時長短衡量你的服務價值？重點不在於你花了多久時間做，而在於你是否瞭解你的服務在客戶眼裡有多少價值。還有一位譯者說，他最近主動和客戶降價，因為他搬到西班牙一個物價比較低的小鎮。我再強調一次，要設法釐清的永遠是服務的價值，而不是原文有幾個字或你花了多少時間做。

我的客戶不知道我的報價是怎麼算出來的，他們也不在乎，他們只想知道最後的金額是多少。我的報價單只列出各大項的金額，例如翻譯多少錢、校對多少錢、折扣多少錢，然後是總價。至於翻譯的價格怎麼算出來的，是多少字乘上多少什麼單價，他們不知道，他們不知道我每個字收多少錢。為什麼會這樣？因為我的客戶只在意我能不能做到他們要的，價錢不是他們的主要考量。如果你想經營一門生意，就要去找到這種客戶。

問：就你所知，歐洲的譯者如何獲得客戶？擁有自己的官網常見嗎？

歐洲的譯者大概 90% 的人案子都是從翻譯社來的。翻譯這個產業有兩個部分：上層和下層。下層是便宜的案子，很多翻譯社在做。這裡案子很多，但競爭的譯者更多，所以價格自然低。上層則是直接客戶，這裡的案子雖然少很多，但能夠競爭的譯者更少，所以大家的收入都很不錯。你要自己決定想服務哪一個市場，這沒有對錯，全然是選擇問題。但我確定的是，如果你不打算投資在學習新知和行銷上，你永遠也不會到上層。

問：當你決定多和直接客戶合作時，你有概念要花多久的時間做到，以及你應該用什麼策略帶來穩定可靠的收入嗎？

開始當自由譯者時身上應該要有存款，存款至少要能讓你半年沒收入都可以活下去。其他領域的人決定要當自由工作者時，身上若沒錢他們會去銀行借錢，把錢用來投資，但譯者完全不會這樣做。如果你沒有錢，你可以借錢來投資，或找親戚投資你，因為你看好自己的生意。如果你相信自己可還得了這些貸款和自己的事業，就可以這麼做。把錢拿去上課學習，買適合你的軟體，這些都是投資。

很多人說自己沒有時間。沒有人是真的沒有時間，是不願意去做而已。如果你從現在開始每天做半小時的行銷，持續做下去幫助會很大。每個月花一整天規劃你接下來兩個月要在社群媒體曝光的內容。很多人說「我寫得還不夠好，所以我不要貼」，但寫得在這裡，追求完美不是好事。如果文章真的寫得不夠完美，你可以之後再改。有文章總比沒有文章好。

問：如果譯者想建立自己的網站，你有什麼建議？

記得「七秒鐘法則」，意思是要在七秒鐘內讓來到你網站的人知道三件事：你是誰、你做什麼、以及你的網站可以給他們什麼好處。一個網站的使命和願景很重要，使命說的是你要做什麼，願景則是你如何做到。以我來說，我的使命是幫助企業在新市場立足，我的願景是透過高品質的翻譯幫助企業做到。多研究自己專長的領域的客戶，都會搜尋哪些關鍵字。

問：在今天的本地化產業裡，你認為自由譯者都必須發展專業領域嗎？為什麼？

當然，做你喜歡做的領域，你才會做得好，才會做得愉快，如果你的領域很清楚，網站也比較容易鎖定目前客群。如果你有自己的生意，這就表示要承擔風險，不能一直害怕自己會失去什麼。每個人都會犯錯，所以不用怕犯錯。犯錯後你可以自憐，但也可選擇從中學習。我常聽到譯者說「這樣很好，但是…」，句子裡老是有一個「但是」，但這種說法沒有意義。

問：你為什麼會將部分案子再外包給其他譯者？

有越來越多客戶不滿意翻譯社的品質，他們寧可多花一點錢找品質好的譯者，所以我的案子多到自己做不完，於是外包給其他譯者。我給譯者的錢比翻譯社多，而且我結案後三天給款，一般翻譯社是兩個月後。我這樣做的原因是讓譯者更願意和我合作。我合作的譯者絕大部分都是我實際見過面的人，我已經培養出相當強的直覺判斷譯者是否適合共事。從面對面的接觸，到他們回覆 Email 的速度和方式等，都是我判斷的依據。我最在意譯者是否對自己的工作有熱忱，有熱忱的人你和他聊一下就會感受到。

問：對於還在努力開發更多直接客戶的譯者，你有什麼建議？

要有耐心，永遠要挑戰自己，問自己怎樣可以做得更好或不一樣。快樂的自由工作者或快樂的人是指付出不求回報，但最後你一定會有回報。此外要不斷學習，當然還有重要的基本功：譯文和服務品質要好。我常常在客戶接洽後幾分鐘內就回覆，因為我已經把流程都建好了，打開軟體處理一下就可以回覆。如果你真的熱愛你做的事，用各種方法把它做好，你賺的錢應該會夠。

問：我發現你傾向長期思考，你認為是為什麼？

接觸能讓你學習長期思考的東西，我不是天生就會長期思考。

通路就是命脈

我花了很長的篇幅講譯者目前可以使用的通路，原因在於通路掌握了所有事業的命脈。但是，我看到許多的譯者仍然在用社群媒體尚未出現之前的通路，除了靠熟人介紹之外，頂多到翻譯社網站或接案平台找案子，沒有善用社群媒體的效益，非常可惜。通路是我們接觸客戶的管道，有些通路掌握在別人手中，有些通路則可由我們自己建立。建立通路的確是個漫長的過程，但網路已經讓這個過程縮短很多，而通路一旦建起來，效益往往很大。講到通路，我都會想到一個寓言故事，它雖然是寓言但卻非常真實。

小李和阿丁是好朋友，他們靠挑水到城裡賣，一桶一元，一天可以挑二十桶，各賺二十元。這份工作雖然辛苦，卻能讓他們吃飽喝足，也沒有什麼煩惱。有一天他們聊起來：

小李：「我們每天挑水，現在一天可以挑二十桶，但老了還能挑二十桶嗎？我們何不現在挖一條水道到城裡，以後就不用這麼累了。」
阿丁：「可是如果我們把時間拿去挖水道，一天就賺不到二十元了，我不幹。」

阿丁拒絕了小李的提議，小李則決定每天只挑十五桶水，把騰出來的時間拿去挖水道。三年後，阿丁繼續挑水，但只能挑十八桶；小李挖好了水道，再也不用親自挑水，一天可賣超過一百桶水維生。小李平日仍須負擔維護水道的成本，但他的收入和生活品質都比阿丁好很多。

以拉力式行銷運作的通路就像自己開水道，起初投入的時間成本較高（金錢成本倒不算多），成效也不明顯，但建成且持續優化後，社群媒體和搜尋引擎便可為不斷為你帶入客源。如果你的網站文案和內容寫得好，能夠讓潛在客戶找你的服務，那麼不僅你的收入無需被中間商抽成，你也更有機會收取更高的單價。但就像故事裡說的，水道建成後平日仍有維護的成本，就像網站蓋好後要固定更新，持續提供潛在客戶需要的內容，讓對方知道你是個與時俱進、專業的譯者非常重要。畢竟，沒有人會信任一個看起來很久沒有更新的網站。

使用通路並非「非此即彼」，你可以不同通路混合使用。在部落格平台撰文並經營粉專時，仍可同時與翻譯社合作。隨著時間過去，有些譯者透過個人網站、社群媒體或社交場合獲得客戶的比例上升，與翻譯社合作的比例下降。有些譯者喜歡自己開發客戶，覺得比較有趣，所以漸漸調整為全部與直接客戶合作；當然也有譯者喜歡全部和翻譯社合作，覺得這樣省事方便。譯者想要採用什麼通路，取決你想要什麼客戶，以及你想要什麼樣的職涯。我看到有些譯者抱怨翻譯社抽佣太高，卻忽略了翻譯社花了多久時間建立自己的通路和人脈，才擁有如今的案源水準。

第 10 章｜譯者的商業模式畫布：客戶關係、收入流

客戶關係

主動溝通

做好客戶委託的案子是維繫客戶關係最好的方法。在合作期間，除了給客戶專業的服務之外，還有一些作法有助於你維繫客戶關係，例如主動溝通。許多譯者都有自己的工作習慣和節奏，進度也都能按部就班，因此認為不太需要和客戶說明工作進度。但從客戶的角度來看，除非你們已經有相當的信任關係，否則我的建議是適時回報進度可讓客戶更安心，尤其如果案子的規模比較大，作業時間比較長。

我翻譯的內容大多是書，即使編輯沒有要求，我仍然會主動分批交稿給編輯。不過，我分批交的不是完稿，而是把已經翻好但尚未校對的章節先寄給對方，讓他確認進度都在掌握中。但由於那些稿子尚未校對，所以我會請編輯先不要處理，否則可能會花掉他很多時間。我之所以願意將自己沒有校對過的「素顏稿」寄給編輯，是因為我理解編輯想要掌握進度的心理，畢竟一本書自從發包出去後，快則三個月，慢則半年到一年才完成，中間若沒有任何查核點，難免讓人掛心。而且，編輯要面對的譯者通常不只一位，如果主動分批交稿可以讓你的心理負擔輕一點，我很樂意這樣做。

不過有一位譯者說，曾有編輯看到他不甚美觀的初稿，後來再也不發案給他。我不太確定他遇到的詳細狀況，但我從未遇到這種情形。每次分批交稿時，我都會在信中告訴編輯：「這是沒有校對過的初稿，純粹給你備份和安心用的，但請不要校對這些稿子，否則你可能會浪費很多時間。等我翻完全書後，會再寄給校對過的定稿給你。」實際上，每次我主動說要分批交稿給出版社時，編輯都很高興。

另外，有些譯者認為主動詢問客戶和翻譯或其專業有關的問題，可能會讓客戶產生你夠不專業的印象，認為你可能無法勝任這份工作。我的看法是，若經反覆查證後仍有不確定的內容，主動提問其實是好事，絕對勝過含糊翻譯過去。主動發問會讓客戶認為你在意這份工作，有心把它做好。曾有客戶和我說，他委託翻譯社翻譯的內容有一定的專業和難度，他以為翻譯社會在翻譯期間向他提問，結果什麼都沒有，讓他覺得不太妙。稿子翻完後，他一看之下果然發現很多地方都翻錯，於是他得花更多時間和翻譯社溝通，讓他很頭痛。所以，不要害怕問問題，只要你的問題是經過查證後仍找不到答案的問題，通常就不會是個不專業的問題。

此外，當客戶回覆我們的提問後，記得說聲謝謝或表示你已經收到訊息。我在擔任專案經理時，有幾次遇到譯者誤譯專有名詞，我改掉錯誤後告訴譯者翻錯了，對方卻已讀不回，一句「謝謝」都沒有，讓我非常意外。還有一種情況是，如果你要問的問題太多，可能表示你非常不擅長該領域，這時候應該考慮婉拒案子，因為婉拒才是對客戶最有利的作法。

平日的問候

除了合作時可維繫關係，在沒有合作期間也維繫和客戶的關係。常見的作法是在過年過節寫 Email 或傳 LINE 簡訊問候對方，有些譯者還會送客戶小禮物，或約客戶見面吃飯聊近況。國外一位譯者表示，他會在每次結案後一週，約客戶在週間某個靠近對方公司的中午餐廳吃飯。席間他不只會徵詢客戶對本次案件的滿意度，也會關心客戶的近況。這位譯者說，他約客戶吃飯不完全是為了下一個案子，主要是想知道客戶對本次服務的想法，作為日後的參考。然而，往往就是在輕鬆的用餐場合裡，客戶聊著聊著就會幫他介紹其他客戶，或告訴他其他部門正在規劃新計畫，很有可能需要翻譯服務。當然，有時候客戶就在吃飯時直接和他預約下一個合作檔期。

對大多數譯者來說，寫 Email 大概是我們覺得比較自在的方式。雖然我常強調凡事盡量以客戶為中心，應該視客戶的喜好、習慣、便利性等為考量來決定我們的舉措，但如果你真的很內向，還是可以用 Email 即可。除了過年過節的問候之外，平日可以注意客戶在意什麼訊息，看到可能對客戶有幫助的新聞或文章時，轉寄給對方。這種方式一來很自然，二來也表示你平日就記得這位客戶關心的事。此外，如果你在經營部落格，也可將你寫到和客戶相關的內容寄給對方，這樣也可以在自然的情況下讓客戶知道你的專業。

除了合作時多站在客戶的立場想，沒有合作期間也可和合作愉快的客戶保持互動，提高他們回頭找你服務的機會，也讓他們有更大的機率推薦你給其他人。也許你會狐疑，既然合作愉快，為何還要提醒客戶你的存在？我的經驗是，有時候客戶真的很忙，或久久才需要一次翻譯服務，忘記你是難免的。

譯者訪談　書籍譯者侯萱憶

侯萱憶是日翻中書籍譯者，曾在其他產業工作的他，讓我印象深刻的是他對任何人都很有同理心，客戶自然也不例外。當我聽到他將客戶當作朋友般對待時，就決定一定要訪談他，把他的經驗分享給讀者！

問：你從什麼時候開始有意識地和客戶（出版社）維繫關係？剛開始合作就是嗎？或你有特別觀察客戶是否值得維繫？

印象中，我人生第一個接案工作是之前在當幼兒園老師時，為了攢足到日本旅行的旅費而上網找到的，是雜誌目錄及介紹的翻譯工作。當時因為很感謝他們願意配合我的古怪取書時間，所以比較熟的幾位同仁，我通常會帶些小點心或是飲料給他們。成功賺足旅費出國時，也不忘帶些伴手禮分送給大家。我自己覺得應該是我很早就出社會打工的緣故，讓我知道打好「同事」關係，不僅可以使工作進行得更順利，也可以藉由「公司」這個管道來認識更多的人。原則上是不分客戶（或窗口）我都比照辦理。就我個人來說，與其他譯者相比，自知條件較不亮眼，所以我認為每個願意給我機會的人，都是得來不易的，所以必須好好維持關係。

問：有些人覺得噓寒問暖、送卡片甚至送禮物，好像是拍馬屁，抱持比較負面態度。你如何看待維繫客戶關係這件事？

我自己是把所有接案的客戶都當成「公司」看待，儘管沒有天天見面或是實際「共事」，大家都是為同一個案子努力，所以我都以「公司」、「同事」等名稱來與客戶端應對。承上題，因為我很感謝每一位給我機會的人，所以對我而言，如果我能送些小禮物，讓大家吃的當下覺得開心、滿足，就是我表達感謝的方式了，因此我沒有特別覺得這樣做有什麼不妥，也不覺得是貶低自己。

再者，除了譯筆流暢可以給人留下深刻印象外，我認為良好的配合度以及這種日常維繫，也能在客戶端留下一點痕跡。就我本身而言，儘管當下沒有特別適合自己的案件，但和客戶窗口書信來往中，可以感受到對方也想發案給自己的心情，我認為能夠讓對方有這些言詞及回覆，就能多一些機會。

問：除了問候、送禮之外，你平日還會做什麼事維繫關係？

我目前固定的客戶有兩家，其中一家關係相當密切，和高層人士有直接接觸，當他們有些重大的案件需要推行時，我也可以貢獻自己的力量。除了一年一次送禮及平時簡單問候外，我會主動報告案件進度，讓主編放心，若有意外導致拖延，也第一時間告知，因此他們可以放心把工作交給我，不怕開天窗。執行案件時，除了客戶給予的指示外，我會做一些指示外的事情，讓客戶多幾種選擇（客戶沒有要求是我主動提出的）。

這麼做能為我帶來翻譯以外的工作，像是協助提案的簡報製作工作，或是簡易影片製作等等他類案件。最近比較少配合的另一家客戶，我也會主動去信告知目前手邊案件狀況以及可承接字數，讓 PM 好安排人力，不用特地來信詢問我有沒有空，減少浪費來回書信的時間，也可以避免發生已經屬意要我做的工作我卻無法承接之窘況。

問：你覺得你這樣做為你在翻譯上帶來什麼益處？

我自認為和其他前輩譯者比起來，自己仍須多多精進，不過託各位客戶的福，在忙碌的育兒生涯中，仍能持續獲得案件機會。即便不小心出現漏譯、誤譯等紕漏，也都還有補救機會（我自己覺得是編輯或專案經理網開一面），再來就是當如果真的想要爭取某本書或某個案件時，主編會特地替我留意，二〇一九年我就真的如願接到了我很喜歡的書籍翻譯工作。我覺得在客戶心中留下一些痕跡，在接案時會比較順遂。

問：是否有人對你的作法提出不同的看法？

我不確定自己這麼做是否真的符合潮流，我也真的聽過有人說我假惺惺或是太過客氣讓他們不舒服，但是之前在公事上遇到的人，在每一個階段都給予我莫大的協助，而我覺得自己之前做過兩件事情，給自己加了一些分。

我第一本譯書出版日是我的生日，我在生日當天請外送服務送了一些點心到出版社請所有同仁享用，以感謝出版社送給我的生日大禮，總編因此還在私人臉書上祝我生日快樂。自那之後，我在總編心裡就是一個懂得感恩、禮貌，又可以放心交付工作的小助手。還有去年年中，我第一個接案工作的編輯透過粉絲專頁找到我，說有本名家的書想讓我翻譯，儘管因為檔期不合無法承接。後來我退還書時，送了一個擺在辦公桌上的擺飾給他，企圖每日加深他的印象（笑）。他在看過我試譯文後，也表示感受到我的用心和進步，日後若有合適的書籍，也會再主動和我聯繫。

我想，禮多人不怪這句話說得還是挺有道理，除了精湛的譯筆之外，人與人相處上的態度及溫度也很重要，這兩家客戶我都已經配合了許多年，在尚無餘力開拓新客戶同時，我還是會持續現在的作法，維持良好的合作關係。

收入流

以譯者來說，我們的收益流相對單純，通常以字數計價，也有少數以時數或專案計價。這部分前面說明過，這裡不再贅述。

不過，除了翻譯的收入之外，開發其他收入來源也很重要，讓我們有更多因應變化的能力。二〇二〇年初，全球爆發新冠肺炎疫情，各種實體活動紛紛取消，連帶衝擊許多口譯員的生計。該如何開發多元的收入，以下兩位譯者都分享了自己的經驗。

譯者訪談 Olivia Chan（二）

問：你目前的翻譯工作裡，有多少案子屬於醫療領域？

目前翻譯口譯工作中，有六成到七成是跟醫療、健康相關的案子，其他的看興趣、時間、體力決定要不要接。我能有這樣的彈性，除了轉型接這類案子之外，另一個更重要的原因是我花了大約四年時間，摸索、建構、分散自己的收入來源，讓收入不再只是從翻譯口譯這邊有進帳，所以如果口譯翻譯案子接得不順利，我自己的財務狀況也不會受傷太大。但我想提的是，只看翻譯工作的比例這個觀點有點狹隘，對個人的財務狀況不是很健康的看法。我認為應該要檢視的是個人總體收入的組成，以免收入來源過度單一，當提供這個收入來源的市場發生巨變的時候，個人整體收入會受重傷。

有一位我追蹤很久的法律界前輩說過，他從決定自行開業開始，就決定每一個客戶的貢獻度，就是客戶願意給他賺的錢，都不能超過事務所總體收入的一〇％，以免哪天這個客戶出狀況，他的事務所也跟著出狀況。另一位前輩則是除了法律服務的本業收入之外，還有其他投資收益作為家庭現金流來源，因為他曾經在外資券商做市場研究相關的工作；前輩們對於自己財務的規劃，都曾在不同時期給我新的觀點和啟發。這個議題有點複雜，而且幾乎沒有能夠一體適用的答案，大咖們成功的經驗也滿少能夠完全複製到另一個人身上，因為每個人的財務基礎狀況、背景條件、可調整的範圍差異太大，建議正好也在思考這類狀況的朋友，可以多看看個人投資類的理財書籍、並且親自實踐，才能從實踐中找出最適合自己的方式。

看到任何經驗分享，包含師長、學長姊、同業給的建議、經驗談、操作方法，真心建議不要想也不想就直接複製套用，以為照著做就會得到一樣的好結果。這是我在學習投資的過程中，在小菜雞時期用真金白銀的損失經驗換來的忠告；當時手把手帶我入門的可是大咖操盤手，單一交易帳戶的資金規模以億計算。但即使如此，我還是沒學好、沒有變得跟他一樣厲害，因為大咖用的方法真的不適合我。這件事情我也反覆在不同行業的朋友身上看到。

我想原因是，每個人所處的時代、時機、機遇、親友家族等「天生內建的」人脈資源、性格特質、本職學能的厚薄程度都不一樣。有過成功經驗的人在分享的過程中，其實沒辦法講得這麼細，他們本身也不見得有意識到，促成自己成功經驗的原因遠比他們所想像的還要多；我們看到的「成功經驗」背後，大概只是對方整個故事的冰山一小角。

最明顯的例子是股神巴菲特，他自己說過，他的投資策略最大的核心概念是，他跟上美國的整體經濟成長、國力壯大的強勁時期；他現在用的投資策略跟他的成名時期也很不同，更不用說，他也操作選擇權「這點應該很少人知道」。但世人只因他的績效而追捧他，卻很少人認真檢視股神之所以成為股神，這一路上的造神成功的原因和邏輯，檢視這樣的經驗是否真的能在現代的經濟大框架中成功複製。

同樣的，老師、學長姊、同業的成功經驗，畢竟都是「過去那個時間、在過去的環境中、在這一個人身上」有效的經驗，現在套到自己身上是不是會一樣有效，其實沒有人真的能夠打包票。因此我自己現在看待所謂的成功經驗，我認為比較重要的是學習那些成功經驗背後的「思考邏輯」，然後檢視、淘選、驗證是否適用於自己身上。

問：如果你可以給過去尚未有明確市場定位的自己忠告，你會和自己說什麼？

我會希望自己更早一點學習到所謂的 street smart：怎麼觀察客戶的需求、評估市場、設計服務產品「service product」的內容，最重要的是，怎麼成交。學會這些商道入門技能後，如何找到「市場定位」只是水到渠成的事情。

譯者訪談　書籍譯者 Jy

Jy是書籍譯者，曾在大學任教，現在將許多時間放在心愛的編織工作，並在知名線上教學平台 Udemy 開設課程，也幫助台灣的編織設計師行銷海外。

問：可以分享一下你的翻譯經歷嗎？

我本來在大學教翻譯，教學兩年後覺得教職不是我想要的，因此決定離開。教學期間我已經在翻書，離職後專門翻譯，但換算成時薪後會讓人思考要不要繼續做，書籍現在翻得比較少一點。

問：你為什麼會接觸編織？可否談談和設計師合作的契機？

我寫博士論文時為了讓自己更專注開始接觸編織，一編下去就欲罷不能到現在。我在 Pinkoi 網站發現很不錯的織圖，出於熱情寫信問設計師可否讓我幫他翻譯織圖，並且建議設計師把作品放到國外的編織社群販售。對方答應了，於是我們從二〇一六年開始合作。

由於織圖的英文用語很固定，後來設計師用英文寫文案，我則幫他翻成中文或潤稿。英文的編織市場滿大的，所以設計師鎖定英文市場經營。後來有國外廠商注意到這位設計師並和他接觸，設計師就問我能否幫忙跟廠商溝通，我的角色漸漸變成設計師的經紀人。

我和設計師合作是用分潤來計算，本來是七三分，後來設計師覺得自己做的事情不多，主動和我改成五五分。我主動找過台灣其他的編織設計師詢問合作意願，但目前還是只有這位設計師有開拓海外市場的意願，有些人收到國外來的訊息但不懂該如何回覆，也可能是沒時間經營吧。

問：你現在主要的收入來源是什麼？

我在二〇一七年底開課，現在主要收入來源是線上編織課程，課程已經可以讓我維持生活基本開銷，我也會翻譯編織相關的內容，把國外的編織新知翻譯成中文。一開始在臉書問有多少人想上課，大家的反應不錯，我覺得可以做。台灣喜歡編織的人不算少，臉書社團裡有一兩百人，大家願意為了得到最新的編織訊息和知識付費。一開始我把課程放在封閉的臉書社團，後來在 Udemy 開課後嘗試把大家導到那裡，不過比較年長的人已經習慣臉書，會移動到 Udemy 的比較是年輕客群。學員看我的影片時，常會問我影片裡的棒針、毛線等在哪裡買的，所以我的影片好像在幫別人賣周邊產品（笑），但這樣把市場做起來我覺得滿好的，有錢大家賺嘛。

問：你如何經營編織課程？

有學員和我說，他在網路上花時間找編織影片，但品質參差不齊，就在要放棄之際找到我的課程，覺得品質很好非常慶幸。我會在國外論壇看別人討論什麼，但不會積極回覆或推銷自家設計師，怕有反效果。比較好的方式是直接把織好的作品放上去，大家自然會詢問。我會主動張貼成品照片，有興趣的人自然會去找織圖或線材。從作品著手會比用行銷文案促銷更有效。另外比較有趣的是，國外後來開始爭論針織作品模特兒都是白人，白人至上風氣不可長，我就建議設計師趕快多露臉，讓別人知道他是黃種人，因為現在正是大家想追求多元化的時候。

問：你過去翻了不少書，現在還常翻書嗎？

現在比較少翻書了，翻譯書籍大多是幫出版社救火。翻書要花三個月，要很規律的進行，開編織課程不需要花那麼多時間，但收益更多。同樣時間翻譯書和做課程的收益不能比。而且大概因為背景的關係，出版社常會找我做很難的書，例如大學教授寫的長篇書籍，問題是書比較難，工時跟稿費還是一樣，所以後來我也就不積極找書來翻譯了。以知識傳播的角度來說，我覺得這個現象很糟糕，但可能要等我中樂透後，才能不算時薪、來者不拒的接案吧。

第 11 章｜商業模式畫布：成本面

關鍵活動

翻譯

譯者的關鍵活動之一是翻譯。雖然前面的章節著重在客戶、市場和行銷上，但這不表示翻譯本身不重要。相反的，翻譯和譯文品質非常重要，重要到它是必要條件，是最基本的要求，是不證自明的存在，是譯者基本且持續的修煉。

譯者訪談　書籍譯者廖珮杏

廖珮杏是踏入翻譯界三年的譯者，資歷不算深，但已經翻譯了幾本頗有難度且知名度很高的書。他非常注重翻譯品質，常常花很多時間推敲譯文，非常受到出版社和專業機構的青睞。

問：你在什麼契機下開始翻譯？

大學跟研究所時期一直都很喜歡翻譯課，但從沒有想過自己有辦法成為譯者。三年多前剛認識現任伴侶，那時還是朋友的他正在譯他的第四本書《暴政》。他每譯完一章都會傳來給我試閱，我一開始中英對照著看，看專業譯者怎麼處理譯文。有時我覺得有靈感了，也會手癢嘗試自己譯譯看，然後我們會討論哪個譯法更好，一來一往的討論突然讓我又覺得翻譯真的很有意思。不過我一開始還不敢貿然成為譯者，而是先從周邊的工作做起，例如幫出版社寫審書報告。過了一陣子之後才透過他認識了他的編輯朋友，這位編輯朋友同時成了我的第一位責編。

問：你如何看待來到你身邊的案子？

我很重視自己跟翻譯文本之間的關係，我希望我不僅是將文本翻譯出來，還希望能夠跟文本一起玩一些有趣的事。在翻譯《緬甸詩人的故事書》時，我協助責編跟作者聯繫，除了幫忙傳達行政事務，我也會補充一些翻譯時的心得跟作者分享，作者也會回應一些創作時的安排，後來中譯本也加入了一些更新。同時我跟編輯建立良好的合作關係，我們討論譯文，也交流一些跟譯作內容相關的議題。緬甸詩人是我的第一本譯作，有幸碰到可以一起「玩」的編輯，而且我除了擔任譯者，也參與了洽談本書版權的過程，我對這本書的關係又更深刻了一些。我踏入譯者行列的第一個經驗可說是相當非典型，更讓我確定翻譯工作與我之間必須要有比共鳴更多的連結。

第二本譯作是《重返天安門》，跟第一本一樣是採訪類型的文本，都是我很喜歡的人物故事。六四發生在我的出生年一九八九年，二〇一九年是六四的三十周年，我也剛好三十歲。三十周年是很多人會紀念的時刻，我也不例外。在翻譯過程中看過很多緬懷式的文章，當時總覺得那些訴諸感情的文章，距離一般民眾的生活還是有點距離，尤其是沒有參與過那個時空背景的人。所以我跑去跟鳴人堂的編輯提案做一個六四專題，邀請各領域的專家以自己的專業或個人經驗出發來寫六四，觸及的主題很多元，像是法律、歌曲、電影甚至談六四對自己的影響。

更有趣的是，跟伴侶認識之初他正在譯的那本《暴政》跟《重返天安門》同一個月出版，而且兩本主題相互呼應，作者在《暴政》那本書寫下的「提醒」，在《重返天安門》都可以找到實例。因為極權政府自古至今就是那幾招，比方說分化、恐嚇、言論管制、壟斷話語權、無視真相、抹滅歷史等等。

為了紀念這些緣份，我們決定要把譯者會拿到的五本書送出去，好書大家讀。我們在共同創立的粉專「翻譯蒟蒻吃太多」辦了抽書活動，邀請網友來回答一些相關主題的問題，例如：歷史與你有什麼關係、記憶是什麼、民主社會可以怎麼守護等等，最後再用抽籤的方式送書給共襄盛舉的幸運網友。

第三本書是《憤怒與希望：網絡時代的社運》，前一本在譯六四，看中國的八九學運，下一本就譯到社會學大師柯斯特談網際網路時代其他國家發生的幾個重要社會運動，看網際網絡如何將來自各方的人民在虛擬空間集結起來，然後在實體世界形成一股影響社會的力量。這本書的作者提出的對社運形成的觀察，也常讓我回想第二本書八九學運的過程。目前正在跟有相關經驗的朋友在規劃，計畫等書上市之後辦一系列的座談。

除了書本翻譯，我還接金融研訓院雜誌的案子，也接過電腦遊戲（CP2077）。金融研訓院每個月都會固定有二到三篇由外籍作者撰寫的文章。每篇文章大約兩千八到三千中文字，我對這個案子的翻譯規格堪稱比譯書還要嚴格，每篇大約都花三到四天完成：花一到兩天翻譯，修過一次後會刻意先暫放一下，然後再回頭修潤一次。若有問題，都會寫在註解提問。後來編輯直接拉群組讓我跟作者之一聯繫，讓我直接跟作者確認翻譯是否正確。

剛好我跟伴侶每個月會跟經濟發展專家開一次讀書會，會提到一些技術革新、制度設計跟治理，而金融剛好跟制度息息相關，所以常在翻譯的文章中碰到彼此呼應的概念。例如讀書會讀到持續由國家補助或由國家出錢的進修對於保持競爭力很重要，丹麥這十幾年來就是利用這個方式保持產業優勢跟勞工自主性。隔了不久就譯到新加坡採用非常類似的作法，例如讓金融人員一個禮拜進修幾次課程。

至於電腦遊戲，其實我根本不是電動迷，只是因為有陣子常在室友旁邊看他玩巫師三，我非常喜歡那部作品的對話場景，以及宛如電影的場景動畫。後來有機會透過室友介紹，接到了巫師三團隊的新作 CP2077。遊戲文本的翻譯工作模式跟譯書截然不同。書會告訴你前因後果，但遊戲文本只會給你角色設定以及編劇寫的簡短幾劇場景指示，剩下的只能靠自己的腦補。在腦中演出整齣戲。例如某個角色是混混，那他說話的語氣就不可能很文雅，罵髒話要夠道地。這類翻譯非常著重在對話中重現書中角色的特質，而且也要注意是否夠口語化。這對我來說其實是很不錯的訓練，在腦中模擬場景的這個習慣一直帶到最新的書籍翻譯。

我目前手上在譯的書是在談二十世紀獨裁者的人物故事，看到歷史人物走入關鍵歷史時刻時的描述，就更自然地在心中浮現出整體畫面跟氣氛，並努力用譯文表現出來。

問：你會挑案子嗎？會怎麼挑？

雖然我也還不到案子源源不絕的境地，但我還是會做基本篩選，首先先看自己對主題有沒有興趣。因為我其實不是個很有耐心的人，翻譯到一個階段我就會開始想找其他事情做，所以有沒有興趣很重要。如果我能從翻譯過程中學到有趣的東西，或是可以跟朋友分享、討論，譯起來會比較愉快。主題確定有興趣之後，我通常都會要求試譯，看看自己跟作者書寫的「氣」有沒有合適，最主要也是為了確保譯文品質。

我很常聽到編輯遇到明明試譯品質很好，但真的要交稿的時候才發現譯文品質不行的狀況。這就是所謂的 golden sample。我在試譯的時候當然也會為了爭取到案子，而力求試譯內容盡善盡美，不過我會更注意自己是否有遇到什麼樣的困難、有沒有辦法找到方法克服、參考資料好不好找、等等，因為這會關乎到之後的譯文品質，而且我也不想之後正式翻譯時才發現許多困難，而把自己搞慘！有時候會遇到主題很喜歡，可是試譯的時候覺得自己的能力還不足以駕馭，這種時候也會覺得很可惜，但也要清楚這勉強不得。我很在意一本書是否被好好對待，所以我會勉勵自己更精進譯筆，而不要急於一時。

行銷

致力於翻譯可讓我們產出好的譯文，但我們還需要其他能力，例如行銷、客戶關係維護、經營業務等能力，才能用合適的通路接觸客戶，獲得更穩定的客源。如果你和以前的我一樣，聽到行銷就覺得反感、不舒服、翻白眼，我完全懂你的感受。如果你對行銷有負面印象，那是因為你遇到的都是「只想到自己」的行銷人，只會用典型的推力式行銷干擾你，所以你才會對行銷如此反感。但是，在經過幾年的接觸後，我現在對行銷的定義是：**在對的時間，給對的人對的產品。**

你可以看到，在這個定義裡，行銷完全沒有推銷或自吹自擂的成分，而是在適當的情境裡，用你的產品或服務，協助需要你的客戶。在這個定義裡，如果客戶不對，那就不是行銷，而是自討沒趣；如果產品不對，那也不是行銷，而是白費力氣；如果情境不對，仍然不是行銷，那是惹人討厭！

過去二十年，各行各業都已變得「又熱、又瓶、又擠」，所謂「酒香不怕巷子深」的年代已經過去了，現在是酒再香也要想辦法確保潛在客戶能聞到酒香的年代。台積電的技術全球第一，品質卓越，但即使如此，前董事長張忠謀仍說，認為品質好自然有客戶的觀念是錯誤的。他在二〇一九年於清華大學演講時說：

> 我到台灣後就發現，許多科技公司都輕視 Sales 和 Marketing，以為技術最重要。但沒有業務員，你根本沒生意，不會獲利，根本活不了。……我很願意去拜訪客戶、和客戶對話，甚至也喜歡和最前線的業務談話。當時德州儀器別的部門總經理都跟我的部門前任總經理一樣，不太看重業務和銷售。……我並非一出生就很會跟客戶說話，這是一種訓練，我相信每一個好的總經理，都要能很自信地跟客戶說話。
>
> —— 張忠謀，台積電前董事長

自由工作者是創業家，也是老闆，張忠謀的話實際上也適用在我們身上。如果我們希望讓職涯發展得好，行銷將越來越是重要的工作。在國外，也漸漸有不少自由譯者強調行銷和翻譯一樣重要，因為語言市場和其他市場一樣，都會變得越來越擁擠和喧囂。如何穿越重重喧囂，讓你的客戶知道你能夠協助他，是我們越來越需要具備重要的能力。

譯者林蔚昀的故事

波蘭文譯者兼作家林蔚昀認為，除了翻譯，行銷也可讓譯者更有競爭力[3]。他分享自己除了翻書之外，還跨足書籍行銷的經驗。曾在波蘭求學並長住的他，出於對波蘭文學的熱愛，在台灣推廣波蘭文學，協助出版社做許多工作，包括行銷。他的作業常常是一條龍，流程大概是這樣：

- 選書、審書、寫書籍介紹
- 協助詢問版權、提供補助資訊、協助申請補助
- 翻譯
- 編輯、排版（有時候會協助處理這部分）
- 行銷活動設計、講座、評介

從這個流程來看，林蔚昀差不多都可以自己開一家出版社了。他說，他最認真行銷的是波蘭作家布魯諾·舒茲（Bruno Schulz）的作品。當時，他在台北六家獨立書店，做了七個為期一個月的微型展覽，搭配來自波蘭的鳥木雕、郵票、音樂盒等藝術品，希望提高讀者對舒茲的注意，慢慢走進舒茲的世界。這些行銷活動很成功，而為了讓好不容易催生出來的市場持續發展，接下來幾年他即使十分忙碌，仍維持每年至少推出一本波蘭譯作，並持續推出展覽、講座和規劃書的行銷。你問他這樣辛不辛苦？當然很辛苦，因為台灣的波蘭文學市場才剛開始，路該怎麼走沒有前例可尋，都要靠他試錯和開拓，但他也因此獲得許多翻譯和寫作以外的能力。「我覺得如果有一天我要改行，這些能力也是很有用處的」，他說。

一般說的「跨領域能力」是使指具備不同領域能力的人，不過我對跨領域能力的定義稍微不太一樣，我指的是不管去什麼領域都用得到的能力。什麼樣的能力能讓你走到任何領域都用得到？我想，你已經擁有一個很重

3 曾林蔚昀在政大的演講內容整理成文章，名為《在 AI 都可以翻譯和寫作的時候，身為一個譯者／作者要有的覺悟和能力》，推薦大家上網搜尋閱讀。

要的跨領域能力，那就是語言能力；或者更廣泛地說，是溝通能力。許多人將翻譯能力侷限在轉換不同語言的技術，但我很認同口譯員黃致潔說的，翻譯的本質在於「溝通」，學翻譯其實是在學溝通能力，以同理心出發協助人們彼此理解。我很喜歡他的見解，也認為正因為他將自己定位在促進溝通的角色，所以如此出色。

此外，行銷也是一個很重要的跨領域能力，事實上行銷就是溝通的一種，我們都要從同理心出發，理解客戶的需求，再將我們提供的價值有效傳達給客戶。以林蔚昀的例子來說，台灣讀者向來不太熟悉波蘭文學，而人往往很難對自己不熟悉的東西產生興趣，所以到底該如何讓可能對波蘭文學有興趣的讀者（潛在客戶），讀到對他們生命有意義的作品（價值訴求）？波蘭曾被鄰近強國瓜分過三次，文學作品裡一定有很多深刻且能引起我們共鳴的地方，我相信台灣一定有讀者會對波蘭有興趣。

所以現在的問題是，這群讀者是誰？他們有什麼特徵？他們在什麼情況下會想嘗試波蘭的作品？他們在哪裡？該用什麼途徑讓他們接觸到波蘭作品？他們可以從閱讀波蘭文學裡得到什麼？他們得到的東西和來自美國、日本、韓國等台灣相對熟悉的文化有什麼不一樣？不斷探求這些問題後，再根據讀者的習慣採取相關行銷活動，例如辦說明會、演講、寫文章等，行銷在做就是這些事。你可以看到，這裡面需要很多同理心、換位思考和溝通能力。

可能有人想問，林蔚昀幫出版社做了這麼多事，最後只領到翻譯的稿費，或頂多一點點其他的費用，這樣划算嗎？我認為，你可以說不划算，也可以說很划算，端看你的角度是什麼。我曾在電視看到複合式麵包店「一之軒」創辦人廖明堅的訪問，人生歷經過大起大落的他說：「人生就兩件事：不是得到，就是學到」。他的句話讓我心有戚戚焉。得到是指具體的報酬，例如升官、發財、加薪，這些都是能量化的收穫，但人生有更大一部分是難以量化卻更重要的收穫，例如學習、接觸新知、失敗的經驗等，這些就屬於學到。廖明堅認為，人生裡所有事情都可以分成得到和學到，所以當你沒有得到時，好好思考你學到什麼。實際上，從長期來看，學到往往比得到更重要很多。

以林蔚昀從選書做到書上市後的行銷來說，我相信他「得到」的真的不多，但「學到」的太多了，而且他學到的行銷能力可以讓他帶著去各行各業，就像語言能力一樣。他現在是幫出版社，以後當然可以幫自己。另外，你可以說他幫出版社做了很多事，但從另一個角度來看，何嘗不能說是出版社承擔了風險（成本），支助他去開拓新市場？畢竟，書如果賣不好，出版社要承擔的經濟損失比譯者大很多。所以，就我個人的觀點來看，我認為林蔚昀非常聰明，他把握每一個學習和嘗試的機會，讓自己擁有更多能產生綜效的能力。

不管是「免費幫出版社做行銷」，還是「出版社支助我去嘗試」，我認為重點不在於這兩種觀點誰對誰錯（實際上，我覺得兩者都言之成理），而在於哪一個可以讓我們成長。這幾年有不少自由工作者強調「創業家思維」的重要性，就在於它能讓你用不一樣的角度看待事情。用受薪者的角度看待你做的事情，很容易只著眼在「得到」的部分，也通常是短期的事情；但用創業家的角度看待事情，你還會看到「學到」的部分，而那部分通常才是一個人（企業）長期競爭力的來源。

關鍵資源

關鍵資源是指，為了提供產品或服務需要用到的重要資源。對譯者來說，電腦和軟體幾乎是我們必備的，此外你還可能加入團體成為會員，享受會員專屬的權益或優惠。另外，你也可能參加和翻譯相關的活動，獲取業界情報或與其他人交換資訊，這些都是我們從事翻譯工作時重要的資源。

台北市翻譯職業工會

如果你是台灣的自由譯者，推薦你加入台北市翻譯職業工會，工會不僅可保勞健保，更重要的是工會非常積極協助譯者。二〇二〇年爆發新冠肺炎疫情後，台北市翻譯職業工會主動幫會員查詢是否符合申請紓困資格，並親自打電話提醒會員若有需要可前往申請。許多接到電話的譯者表示非常感動，因為工會給的協助都很實用。平日，工會也可協助譯者其他事項，非常推薦有需要的人加入工會。

如果你很怕接觸新軟體，我懂你

有些譯者對學習使用軟體有恐懼感，所以學會使用 Word 之後，就再也不想重新學其他軟體。但其實 Word 是寫作軟體，甚至只是「儲存文字」的軟體，因為除了檢查拼音之外，它並沒有其他輔助寫作的功能，更遑論有提升譯者翻譯體驗的功能。

說到軟體，你可能以為我身為 Termsoup 的開發人，一定一開始就很擅長用軟體。但實際上並非如此。我曾有過一段完全不會用電腦，也抗拒學軟體的階段。一九九五年我讀大一，當時電腦尚未普及至家家戶戶，交作業都還是用手寫和紙本。大一國文老師決定改弦易轍，要學生到學校的計算機中心學電腦和打字，因為他再也不收手寫的稿紙作業。若再用手寫稿紙交作業，一概零分。老師的表情看起來很堅定，但我很不想學電腦，因為電腦看起來很可怕。所以，我還是把作業手寫在稿紙上，請打字行幫我打出來印在紙上。就這樣，這份作業我還是關了，但沒想到還有另一關。

大一英文老師要求我們到計算機中心註冊一個 Email，並寫一封信給他，而且這封信佔學期總成績的三〇％。當時老師在黑板寫下他的 Email，裡面有一個看起來很奇怪的符號「@」，我還記得自己當時心想：「天哪，那是什麼符號？是a嗎？看起來有點像，但又不太一樣。好痛苦！」看在佔學期三〇％的成績份上，我只好去計中一趟了，而當時我並不知道學校的計中在哪裡。

總算走到計中後，我往窗內看過去，整個景象嚇到我。坐在計中裡的人像僵屍一樣各自專注地盯著電腦，裡面一片死寂。我左右張望希望有人能幫助我，因為我不僅不知道 Email 是什麼，連電腦的開機鍵在哪裡都不知道。就這樣，我在計中門口糾結了十分鐘，完全沒有看到能幫助我的人，我又害怕打擾別人，於是就離開了。我放棄那三〇％的成績了。

直到一九九七年，我的父親買了一台作業系統是 Window 95 的 486 電腦放在家裡，我才開始接觸電腦。我花了很多時間熟悉電腦，花了更多時間學習打字和使用 Word，因為不學真的不行了，老師都不接受手寫的稿紙作業了。在學習使用 Word 期間，我常為了調整小小的地方而生氣，或者突然當機作業都不見了。到了一九九九年，我才真正比較能夠掌握 Word 的常用功能，寫出來的作業排版才是我滿意的。

學會打字的效益有多大無庸贅述，打字的速度比寫字快很多，但學習的過程對我來說非常痛苦。林肯說：「如果我有八小時可以砍一棵樹，我會花六小時把斧頭磨利」。表面上磨斧頭的前六個小時沒有任何進展，然而一旦斧頭磨利後，他砍樹的速度和效益將超越沒有磨斧頭的人。一樣的道理也適用在我們學習軟體。一開始為了學習新軟體，翻譯速度難免會比過去習慣的作業方式慢，然而一旦上手後，速度就會比過去快很多，效率也會高很多。這就是穩健投資會出現的典型現象：短空長多。初期要付出的成本看似較高，但長期的效益卻很大，這也是為何國外資深譯者建議大家，面對新科技時不要被眼前的成本給阻礙了，而是要思考它可能為你帶來的長期效益。

翻譯輔助軟體簡史

和譯者最相關的軟體，目前大概是機器翻譯（Machine Translation, MT）和翻譯輔助軟體（Computer-assisted Translation, CAT）。機器翻譯我們都知道是什麼，不過機器輔助翻譯就未必人人皆知。簡單來說，機器翻譯是機器翻譯，人類視情況事後編輯機器的譯文；機器輔助翻譯則多了「輔助」兩個字，意思是翻譯仍由人類操刀，但機器（軟體）有許多功能幫助人類更省力地完成翻譯工作。

	主體	客體
機器翻譯	由機器產生譯文	由人類對譯文進行譯後編輯（post-edit）
翻譯輔助軟體，或譯機器輔助翻譯	由人類產生譯文	由機器的 w 效率

表 11-1 ／機器翻譯與翻譯輔助軟體的差異

機器翻譯和翻譯輔助軟體是兩個很不一樣的概念，但彼此又相關。從歷史上來說，這兩者的發展也是彼此相關的。翻譯是勞力密集產業，人力成本非常吃重，因此早在上個世紀五〇年代，就有人希望用軟體自動產出可用的譯文，以節省成本。但當時機器翻譯的技術還很不成熟，人們於是退而求其次，漸漸研發出後來的翻譯輔助軟體。

翻譯輔助軟體的理念很簡單，那就是做過的事不要重複做，而它實際運作的原理也很簡單。翻譯輔助軟體會將你翻譯過的原文和譯文，以句子為單位成對儲存在資料庫，並稱之為翻譯記憶。說穿了，翻譯記憶就是個人的語料庫。有了這些語料之後，下次你若再翻譯到相同或相似原文時，軟體就可以很快顯示相應的譯文，讓譯者決定是否要重複使用。如果使用過去的譯文，也可以隨時修改，這樣就不用重頭翻譯，節省了許多時間。由此可見，有些類型的文件非常適合使用翻譯輔助軟體，例如專利、合約、使用手冊、網站等，因為它們通常具有重複性高、用語和句型固定等特徵。

翻譯輔助軟體發展到現在，已經不只有翻譯記憶此一功能，還有術語管理、專案管理等功能，Termsoup 則還可以讓譯者花幾秒時間設定，即可遠距同時協作。有人認為，由於翻譯輔助軟體已經超出「翻譯」的範疇，應該改名叫做翻譯環境（Translation Environment）或翻譯工作站（Translation Workspace）。不過，不管它叫什麼，人們一直有一個問題：這種軟體是否適用於重複性不高的內容，例如書籍？

書籍翻譯也可受惠於軟體

就我所知，世界上第一個由書籍翻譯從業人員研發的翻譯輔助軟體就是 Termsoup。一般來說，書籍譯者對這種軟體的熟悉度比文件譯者低，因為大部分使用這種軟體的譯者，一開始都是被客戶要求必須使用才接觸這種軟體，而書籍譯者的客戶，也就是出版社，大多不知道有這種軟體存在。另一個原因是，所有翻譯輔助軟體都是由本地化產業的從業人員開發的，軟體的規格和設計自然也以本地化或技術文件為預設場景，書籍翻譯的情境則從未被考慮過。

我過去以翻書為主，設計 Termsoup 時也常常想到書籍譯者遇到的困難。和本地化譯者不一樣的是，書籍譯者翻譯時幾乎完全沒有任何奧援，我們從翻譯第一個字開始，所有資料都靠自己查詢和累積。我們不可能有翻譯記憶，而有些書其實很適合用翻譯記憶處理，例如工具書或考試用書。另外，我們也幾乎不會有出版社提供的雙語詞彙表，所以翻譯一本書幾乎都是譯者獨力完成。在這種情況下，譯者透過軟體邊翻譯邊累積自己的數位資產（翻譯記憶庫、術語庫等）反而更形重要，因為你存得越多，你的工作就越輕鬆。

另外，書籍譯者和文件譯者最大的差異之一，在於書籍譯者更希望翻譯時畫面能以段落結構呈現，但目前幾乎所有翻譯輔助軟體都會將段落拆解成句子，以句子為單位呈現，是為了翻譯時軟體能同時自動產生翻譯記憶。但從人類閱讀的體驗來說，將段落都拆成句子來呈現確實有礙閱讀。因此，我在設計 Termsoup 時便一直考慮這一點，必須在技術障礙和介面設計之間取得折衷和平衡。目前，你可以選擇在翻譯時以段落來呈現，雖然它無法讓你像在 Word 繕打譯文時擁有那麼大的排版自由（這牽涉到結構化文件和非結構化文件的差異），但犧牲一點自由可換來許許多多的好處。

譯者訪談　書籍譯者張雅眉

書籍譯者張雅眉是一位年輕的譯者，但文筆之好讓人驚艷。除了曾為美術館網站翻譯之外，他近期的作品是翻譯得過國際曼布克文學獎的韓國作家韓江的《白》，而這本書又再度入圍國際曼布克文學獎。張雅眉是用 Termsoup 翻譯小說《白》，這和許多人認為小說不適合用軟體翻譯的印象很不一樣。以下是我訪問張雅眉的內容。

問：除了書籍翻譯之外，你平常還會翻譯哪些內容？例如文件、網站、文案等。

曾經翻譯過政府間的合作協約書、旅遊文案、展覽說明、信件等內容，也曾有網站翻譯（中翻韓）的經驗。不過最近主要以書籍翻譯文主，比較沒機會再接觸其他種類的翻譯案件。

問：你一開始為何想用翻譯輔助軟體？

其實一直以來對翻譯輔助軟體的印象都不是很好，大部分的軟體介面都是英文，而且很多術語，功能也比較複雜。曾經用過，但用起來不太順手，後來就沒再使用。兩年前第一次接到食譜的翻譯時，因為姊姊的推薦開始使用 Termsoup。對書籍翻譯毫無經驗的我，Termsoup 提供了很大的幫助。除了查找單字非常簡便之外，翻譯記憶的功能也大幅提升了工作的效率。單字庫的功能則使我毫不費力地建設了專屬自己的資料庫。與其說是遇到特定的問題而開始使用翻譯軟體，不如說 Termsoup 在我對書籍翻譯，尤其是對工具書翻譯毫無頭緒的時候，幫我理出一套 SOP，協助我建立自己習慣、方便且快速的翻譯模式。在那之後之所以持續愛用 Termsoup，最主要的原因是為了統一書中的用字和文句。食譜或工藝類的書籍往往有許多重複的句子和單字，若沒有翻譯記憶和單字庫的輔助，光是要統一全書的用字就會耗費太多時間。

問：有些譯者覺得翻書不適合用翻譯輔助軟體，因為軟體的分句設計讓用 Word 翻譯的譯者覺得文章的脈絡感被打斷。你覺得呢？

我覺得主要還是要看書籍的類型。我接的案件大部分都是工具書，所以內文都是製作步驟的說明，本身就是獨立的句子，不會有脈絡被打斷的問題。另外，小說《白》的書寫形式既像散文，又像詩，接起來又像小說，屬於較為特別的文體。因此相較於其他小說，在使用翻譯輔助軟體翻譯時，比較不會有脈絡被打斷的感覺。以 Termsoup 的設計為例，即使採分句設計，段落之間也不會相隔很遠，所以在檢視上不會有阻礙，在校閱時也會以段落呈現，因此沒有脈絡被打斷的問題。

除此之外，我覺得翻譯的習慣也有一定的影響。由於我平常的翻譯工作都是採分句翻譯的模式，所以不論是分句呈現的原文，或是一整篇的散文，我都是看一句翻一句，然後在過程中對照前後脈絡，再做必要的修改。

因為翻譯輔助軟體的設計剛好與我的翻譯習慣一致，所以在使用上不會有被打斷的不便。

問：你用 Termsoup 翻了韓江的小說《白》，這本小說非常優美又有詩意，你翻譯時的譯文順序是完全照原文走的嗎？你有遇到想將譯文順序調換的情況嗎？如果有，你如何在軟體裡處理這個狀況？

基於韓文本身的敘述特性以及韓江的文字風格，我在翻譯時並沒有完全按照原文的語句順序走。不過大部分都是在同一個句子內做調整，譯文句子順序的調換比較沒有那麼多。需要調整時，我會將前後兩三個句子合併成一句，這樣比較方便檢視，往後在校稿時也不會遇到意思對不上的問題。

問：你的文筆非常好，更讓我很驚訝的是你很年輕。你平常如何磨練文筆？你們家有文學或寫作方面的淵源嗎？

除了喜歡閱讀文學作品之外，我日常的翻譯工作給我很大的幫助。我所任職的翻譯工作室採團體合作翻譯的作業模式，一個案件會同時分給多個譯者處理，各自的部分完成後，再一起進行校稿的程序。因此在這過程中，我可以看見擁有十多年翻譯經驗的前輩們是怎麼處理每個句子。不僅能吸取前輩的經驗，還能看見自己翻譯上的錯誤，而且也能得到很實際的建議。每一次校稿後，我都會根據所得到的指導調整我的翻譯，我認為這對我文筆的磨練很有幫助。除此之外，由於我們是共同校稿，所以針對同一個句子，也能瞭解到不同譯者各自的見解，這促使我以更多元的角度來思考原文，幫助我豐富翻譯的用字和風格。

我的姊姊可以說是我閱讀的啟蒙者。因為姊姊熱愛閱讀，所以我從小學開始就跟著姊姊讀了許多文學作品，其中英翻中的小說為大宗。除了閱讀，姊姊對於寫作和翻譯也都很有興趣。他得過林榮三文學獎的小品文獎，也翻譯過半本著作，目前於出版社擔任編輯，先前也曾在翻譯公司任職。我對文學的喜愛，甚或接觸書籍的翻譯，可說是受到姊姊許多的影響。其實就連學習外文這件事，也是看著姊姊擅長多國語言，基於崇拜之心而做出的模仿舉動（笑）。我很開心跟姊姊有相仿的興趣，彼此分享推薦好看的書、詢問翻譯上的建議，我想對於我文筆的成長多少也有幫助吧！

問：請問你翻譯時，翻譯記憶對你是否有幫助？一般認為書籍翻譯用不太到翻譯記憶，你認為呢？

翻譯記憶帶給我很大的幫助。尤其是工具書的內容重複性很高，翻譯記憶幫我節省了許多時間。另外，在翻譯小說時也帶來了很大的便利性。雖說小說內容本身沒有重複，但因為出版社經常會要求譯者幫忙翻譯作者訪談、媒體評論等文章，在這時候就能使用翻譯記憶的功能，輕鬆解決文章中引用小說文句的問題，不需耗時回去翻找譯稿。

關鍵夥伴

譯者通常獨立作業位居語言或出版產業供應鏈上游，我們往往沒有供應原料（翻譯）給我們的夥伴，而是我們供應翻譯服務給出版社、翻譯社或本地化公司，它們將我們提供的譯文再加工、加值，最後做成成品賣給客戶。

不過，如果你不是獨自工作的譯者，而是和其他譯者一起處理專案，並在專案裡擔任專案管理員角色，那麼你在你的商業模式畫布裡，你的關鍵夥伴就是其他譯者，因為譯者提供翻譯服務給你。翻譯產業有一個重要的特色是人力成本很高，即使機器翻譯已經有長足發展，但這一行至今仍大量仰賴人力，而且人力成本不容易難隨業務規模提高而遞減。也就是說，服務十個客戶的成本通常就是服務一個客戶的十倍（好一點的也許可降到八至九倍），若希望明顯提高收入就要增加人力。

從專案管理員的角度來看，和幾位譯者一起合作的好處是可處理規模較大的專案，從而提高總收入。從譯者的角度看，幾位譯者一起「分攤」雇用一位管理員的成本，由他負責協調客戶與譯者，譯者可省下原本要自己負擔的管理成本。當工作室發展到一定程度後，大家決議找一位業務負責對外開發客戶，讓管理員專心對內以提高工作效率。這其實就是翻譯社或本地化公司的濫觴。如果你在經營翻譯工作室，或負責協調譯者翻譯，這些譯者或你合作的其他編審人員，就屬於你的關鍵夥伴。如何確保你的夥伴們能以合理的價格準時供應你品質優良的服務，就是供應商管理的領域要探討的議題。

成本結構

商業模式畫布說的成本結構，和「關鍵資源」有密切關係。你在關鍵資源那裡使用的資源，都會為你帶來成本。譯者為翻譯支出的常見花費有電腦、軟體、會員費（例如翻譯工會年費）、課程費、會議、參展、差旅費等。一般來說，自由工作者的成本結構相對單純，紀錄開銷不是很困難的事，但即便如此，這裡還是想分享一些和紀錄開銷有關的訣竅。

專戶專用

首先，建議將翻譯收入的帳戶和生活用的帳戶分開，甚至可再多辦一個戶頭當作儲蓄戶。例如，用 A 帳戶收稿費，並固定在每月的某一天將一部份錢轉帳到儲蓄用的 C 帳戶（一般建議收入的一〇%，行有餘力可多存一點），再將剩下的錢轉帳到生活用的 B 帳戶。這樣的做的好處是達到專戶專用的效果，讓你清楚掌握收入（A 帳戶）與支出（B 帳戶）的差距，並逐漸累積未來可用來從事其他活動的資金，或在緊急時有應急的備援金。

記帳

在記帳方面，許多譯者用 Excel 紀錄案件往來的明細，包括客戶名稱、單價、數量、金額、應收帳款日等基本資訊。但用 Excel 的缺點是通常只能紀錄資訊，較難分析資訊。除了案件的基本資訊之外，我們還需要知道：

- 工時
- 時薪
- 外包成本（若有）
- 淨利
- 應收帳款周轉天數（稿費入帳速度）
- 哪一位客戶為你帶來最高／最低收入
- 哪一位客戶為你帶來最高／最低淨利
- 哪一位客戶為你帶來最高／最低時薪
- 你為完成翻譯工作而支出的花費等

記錄這些收入與支出，並用視覺化圖形呈現報告，可讓我們更瞭解自己的財務狀況，甚至進一步決定要不要和哪些客戶合作，是否要和哪些客戶議價。另外，當你發現為你帶來較多收益的客戶具有某種特性，就可以思考一些重要問題：還有哪些客戶和這些客戶類似？它們屬於哪一個產業？為什麼它們能夠付的價格比其他客戶高？我該去哪裡找到更多這類客戶？當你對自己的財務瞭解得更清楚時，看著財務數字的你更容易思考這些問題，久而久之甚至就變成一種習慣了。

第 12 章｜用商業模式畫布分析書籍譯者

不少人認為書籍翻譯的價格很低，所以一聽到書籍翻譯就覺得是在「做功德」。我過去以翻譯書籍為主，也認識不少書籍譯者，我認為在台灣書籍翻譯的價格雖然稱不上高，但也不見得特別低。談到價格高低時要有比較的對象，而且要以條件相當的對象來比較才有意義。以下用商業模式畫布來分析書籍譯者的商業模式。

收入流：書籍翻譯的單價不見得比較低

以商業模式畫布來看，每字單價只不過是整張畫布裡「收入流」那一塊，但經營一個生意絕對不能只看收入流，畫布上其他格子也要看。的確，書籍譯者的名目收入看似不高，但究竟低到哪裡去需要稍微精算一下。書籍翻譯以譯文字數計價，若以英翻中來說，目前常見的價格區間約為每譯文字台幣〇・五到〇・七台幣之間。考量到英中的字數比例約為一比一・五至二・〇，所以英翻中書籍的價格可換算成每原文字〇・七五到一・四台幣。把這個價格拿去和翻譯社或本地化公司相比，其實並不算遜色。

此外，譯者翻書大多可以掛名，有些譯者因此在大眾讀者之間累積知名度，這是稿費無法計算的價值。大多數譯者的知名度都侷限在語言產業內，但書籍譯者若把握掛名和相關附加價值，可為自己帶來產業外的機會。

當然，如果和直接客戶委託的文件相比，這個價格區間確實不高，因為文件翻譯沒有固定的天花板，一個原文字十元台幣我也曾耳聞，國外則也有更高的價格（但要考量物價）。只是，獲得直接客戶的成本可能較高，尤其是在初期，所以還是要拿條件相符的翻譯來比比較有意義。

譯者訪談 劉維人

劉維人是以翻譯社會科學書籍為主的譯者，這幾年有幾本譯作都非常有名，例如《暴政》、《暴民法》、《反民主》等。社科類書籍以難翻著稱，若以時薪來算有時候真的「不太划算」。但劉維人認為，書籍翻譯是譯者在消費性市場自我定位的好方法，如果長期耕耘某一個領域，有機會為該領域的讀者認識，因此開拓出更多機會。

問：除了做翻譯和當譯者，你還在哪些領域斜槓？

演講、映後導讀，偶爾會投稿評論。最近正跟著伴侶一起幫非營利組織出版書籍。

問：你從譯者身份斜槓到其他領域的契機是什麼？

我對理性思辨能力、目標導向思維，以及科技經濟社會變遷造成的問題都很有興趣，翻譯的書也有很大一塊都是這類主題，有時候還會主動尋找這類書籍推薦給出版社。在翻譯時自然也會思考相關問題，寫在自己的臉書或 Medium 上。

我的文字與論述偏向分析性，一次討論一個事件，或者釐清一個概念，目前的台灣對這類能力的需求相當穩定，而且正在逐步成長。尤其是相關事件發生時，對這類文章與書籍的需求會更明顯，許多團體或媒體都會希望有人來帶討論或導讀。這些就成為我間歇性的工作邀約。

問：譯者身份和翻譯專業對你在其他領域斜槓的助力是什麼？

翻譯是一個認真接觸重要著作的好機會。如果既想要讓譯文盡量像是中文，又不能偏離原意，就需要思考作者究竟在講什麼，換成盡量簡單易懂的中文又該怎麼說。當你一路跟著作者思考完整本書，一定會更深入了解作者的思路、視角、問題的脈絡、甚至作者的盲點，有時候深度與廣度還能超過談論該書的單篇論文。有趣的是，其實翻譯的核心一直都不是閱讀原文語詞的能力，而是寫好中文文章的能力。能夠譯出流暢中文的人，其實只要練習一下，都可以針對相關主題寫出很好的文章。

問：你如何開發出其他斜槓的舞台和機會？

議題類文字的能見度本來就比較高，如果譯者能對書籍的主題寫出自己的觀點或者立體的簡述，無論對出版社還是對邀請方而言都是很好用的推廣資源。而且根據我個人的經驗，會邀請譯者或相關領域工作者討論書籍的人，本身通常也很有想法，經常可以一起探索出新的企劃。

最後，其實有很多學者都希望利用優質譯本引進重要觀念，他們很樂於和喜歡研究思考的譯者合作。我自己就是因為其中一本譯作認識了一群學者專家，正和他們一起推廣社會民主、北歐模式等概念，甚至自己出版書籍。

問：如果要用一句話形容你在工作上的身份，你會如何形容？

與其說是譯者，我可能更像是「讓讀者更不費力，就能接觸到原作觀念的知識推廣者」。

客戶關係管理：做好翻譯等於做好客戶關係

書籍翻譯的另一個好處是，每一個案子的字數較多，少則數萬字，多則十幾萬、幾十萬字都有。若能拿到一本書的翻譯，相當於拿到好幾個文件翻譯。不要小看這件事，因為它在商業模式的重要意涵是譯者為了賺到夠用的生活費，必須花多少時間和多少客戶往來。別忘了，溝通成本往往是翻譯以外譯者最大的隱形成本，當你往來的客戶越多、案量多而規模小，你的溝通和管理成本就越高。

我認識的書籍譯者和出版社的合作關係往往很穩定，甚至已經是特定出版社的固定班底，出版社編輯若簽到新書也會優先請這些譯者翻譯。由於一本書的作業時間較長，只要譯者譯筆良好且能準時交稿，通常持續合作不是什麼問題。就我自己觀察，很多書籍譯者擁有「回頭客」的比例偏高，讓他們管理客戶關係的成本大幅降低。和翻譯社與本地化公司合作良好的譯者，通常也有類似現象。

通路：獲得新客戶成本較低

由於書籍譯者的名字和聯絡方式大多會直接顯示在書上，若譯筆良好容易吸引其他陌生的出版社徵詢合作意願。也就是說，書籍譯者可能在沒有額外多花成本下就獲得新客戶，但和翻譯社與本地化公司合作就幾乎不可能有這種情況。

自由工作者容易著眼在每字單價這種有形的收入，卻忽略了獲取客戶的隱形成本，但就經營事業來說，很多時候獲取客戶成本高低才是決勝關鍵。對企業來說，獲取客戶成本相對容易量化，但對自由工作者來說，這塊成本因為鮮少能夠量化而容易被忽略，導致我們容易只看每字價格的名目收入。

書籍翻譯最難的是如何得到第一次和出版社合作的機會，沒有熟人推薦或之前沒有任何翻書經驗的譯者，通常不容易獲得試譯機會。但如果你知道熟人推薦的真正精髓在於建立信任，就可以思考還可以用哪些方式博得編輯信任。通常給對方真正有價值的東西就能夠建立信任。

價值訴求

書籍譯者提供給出版社的價值和文件譯者給翻譯社與本地化公司的價值很像，都屬於相對單純的一群，通常是正確與流暢。書籍翻譯對於文筆的要求可能較高，因為書籍要給一般大眾閱讀，而大眾讀書的目的是為了獲取知識或怡情養性，因此良好的閱讀體驗就成了重要目標。

另外，準時交稿也很重要，尤其一本書的翻譯短則二、三個月完成，長則半年、一年或更久才能完成。文件譯者幾乎無法拖稿拖很久，因為根本沒有這種空間，但書籍譯者拖稿幾個月則時有所聞。若能夠準時交稿，絕對是出版社喜歡的價值。

由於書籍大多會列出譯者姓名，有些譯筆良好且不排斥與讀者互動的譯者，可因此建立起自己的品牌。例如，知名的日文書籍譯者王蘊潔，持續在粉專與許多讀者互動，甚至有些讀者看到他的譯作，就可以很安心購入書籍。我一位日文很好的朋友是王蘊潔的忠實讀者，他說：「很多日文譯者翻譯會變成很日文化的中文，但是他不會，就像在看中文一樣。他在粉絲團的互動很正面，而且他翻譯遇到問題也會跟大家討論，感覺很嚴謹，讓我對他印象更好。」若譯者在特定領域讀者群裡累積出一定品牌知名度，對出版社來說自然是個加分很多的價值。

關鍵資源

大多數使用軟體輔助翻譯的譯者，還是以翻譯文件的譯者居多，不過最近一年多來使用 Termsoup 翻譯的書籍譯者也明顯多很多，目前用 Termsoup 用翻譯完成的書估計有五百本。建議書籍譯者不要排斥軟體，除了沒有原文電子檔的確難以使用軟體之外，只要原文有電子檔基本上都可以使用。初期花一點時間熟悉軟體，後續的效益將很大。

書籍翻譯的缺點

書籍翻譯並非沒有缺點，其中一個最為人詬病的問題，是有時候稿費拖太久才入帳。根據我徵詢譯者投票的結果，約一半的書籍譯者都可以在交稿後三個月拿到稿費，其餘的半年內可領到稿費，但拖到一年後才領到稿費的也時有所聞，這讓譯者可能面臨現金流不足的問題。和文件翻譯相比，書籍翻譯作業的時程長很多，每次付款金額較大，因此譯者也相對可以接受等比較久的情況，但一般希望最晚交稿後三個月內付清款項。建議有志從事書籍翻譯的譯者，可盡量和大型出版社合作，或合作前打聽出版社的付狀況。另外，編輯若常常換人通常表示出版社內部運作有狀況，應盡量避免和這類出版社合作。

其次，翻書的價格區間非常小，在資深與資淺、翻得好與翻得普通之間，報酬並沒有明顯差異。以英翻中來說，目前翻書的價格約為每譯文字〇．五到〇．七之間，前者是新手的價格，後者是翻譯了十幾本甚至幾十本書的資深譯者價格。當然，落在這個區間以外的極端價格也有，例如每譯文字〇．三的超低價，以及少有譯者能夠得到的〇．八或以上，但絕大多數譯者無論翻得好不好，價格通常就在這個區間。我認為翻書真正的問題在此。

大多數書籍的終端消費者是一般大眾，因此很少過於艱澀，但許多書要翻得好仍然十分困難。例如，科普書有時候一點也不「普」，社會科學領域的書難起來也可以讓人身心俱疲，加上書籍翻譯對於文筆和母語素養的要求往往比文件翻譯更高，因此譯者要費的心思有時候也很高。可是，把書翻得好的譯者並不能像翻譯專業文件的譯者那樣，有機會得到很高的報酬。我看過一些翻譯得很好的書籍，認為那樣的譯文若放在文件翻譯的市場裡，就算每譯文字拿三・〇元也有可能，但在出版業頂多只有一・〇。不過，就像前面說的，書籍翻譯有其他不在上述座標的優點，這些部分雖然無法以量化的收入顯示，但不表示它們對收入無益。這部分詳情留待後面專章分享。

拖稿對出版社的影響

譯者不喜歡被拖欠稿費，出版社自然也不希望譯者拖稿。許多譯者認為，拖稿只不過是讓書晚一點出版，但實際上不只如此。拖稿可能影響出版社的現金流，也會影響出版社的總體收入。要出版一本外文書，出版社首先要買到該書的版權。版權年限通常是五到六年，這幾年裡出版社要完成翻譯、校對、印刷、鋪貨、銷售等工作。假設從翻譯、校對、設計、印刷總共花了一年，那麼出版社就還有四到五年可以銷售此書。因此，如果一位譯者未依照出版社要求在六個月內完成翻譯，而是拖了六個月，等於總共花了一年才翻完，這就表示出版社會少六個月的時間賣書。一本書少出現在市場上幾個月，可能會影響它為出版社帶來的總體收入，尤其是長銷書。

此外，如果出版社預計這本書要在特定的檔期上市，尤其如果看好該書可搭配某個時事推出，但因為譯者拖稿讓出版社錯失良機，可能就會讓銷售量大受影響。還有，一般來說，出版社把書鋪貨給通路（例如博客來、誠品等）時才能拿到現金（這就是為何出版社給譯者的稿費條件很多設定成「出書後付費」），若譯者拖稿導致出版社沒有書可以鋪貨時，出版社就會缺少大筆現金流入帳。

如果數位譯者同時拖稿而延誤出版計畫，更有可能讓出版社陷入現金短缺的窘境。

許多譯者之所以喜歡書籍翻譯，其中一個原因是作業時程較長，較可自由安排工作時間，甚至可以在工作期間出外度假。相較之下，文件翻譯往往急如星火，譯者接到案子幾乎就只能被綁在桌前，沒有規劃時程的彈性。但也正因如此，相對「沒人管」的書籍譯者更需要自律能力，對於每天應該要有多少譯文產出應該有底，進度落後則要設法穩定追上，才能確保譯文品質。

結論：翻書不特別難賺，但要注意入行和收費

以台灣目前來說，書籍翻譯的單價並沒有比翻譯來自翻譯社或本地化公司的文件難賺。另外，和出版社合作相對單純，譯文品質良好本身就是很好的價值，如果還能準時交稿且配合度高，基本上都是出版社喜歡持續合作的對象。就這一點來說，出版社、翻譯社與本地化公司的狀況都差不多。但翻書有以下挑戰：

1. 入行不易：出版社多以熟人介紹任試譯者，投履歷並非沒有機會，但機會並不高。若無熟人引薦，不妨考慮主動提案推薦書籍給合適的出版社。
2. 需注意收款：出版社拖欠款項確實是書籍譯者可能遇到的困擾，不過收款問題不只有書籍譯者會遇到，各種客戶都有可能出現這種問題。選擇有信譽的出版社，多方打聽會有幫助。

我認識的書籍譯者裡，能持續翻書的人無不兢兢業業。在短期，運氣也許有其重要性，但長期來說都要靠個人的態度。另外，如果別人沒有給你機會，你也可以想辦法自己創造，未必只能被動等待。

最後，建議你大約每半年將商業模式畫布拿出來檢視你的商業模式，試著在每個

格子裡寫下你目前的狀況。你的客戶是什麼樣子？是否遇到新客戶？透過什麼通路遇到新客戶，或客戶是透過什麼通路主動接觸到你？你的 AIDA 長什麼樣子？在每個階段裡都是用什麼內容讓潛在客戶注意到你？你的回頭客佔所有客戶的比例多高？你現在的翻譯效率如何？時薪多少？如何能夠讓你的時薪更高？透過商業模式畫布，你可以審視你的商業模式，並逐一改善每一個格子裡的狀況。當越來越多格子得到改善，你的職涯就會越來越順遂。

譯者訪談　書籍譯者洪慧芳

如果你常看書，說不定書架上就有書籍譯者洪慧芳的譯作，我自己就有好幾本。洪慧芳的譯作非常多，而且他翻譯的速度很快，平均一個半月翻譯一本英文書。他經營的臉書粉專 Back to Basics 常分享他讀的書，是許多讀者參考的對象。

問：可否簡單分享你的入行經歷，以及你寫部落格和粉絲頁的初衷是什麼？你覺得對你的工作有沒有幫助？

之前我在科技業短暫工作一陣子，在金融業則待了好幾年，這兩個產業的工作內容相當程度都和翻譯有關，所以二〇〇五年轉做全職自由譯者時，其實適應得算很好。一開始轉職時案子還不多，卻是我當譯者多年來最單純快樂的時光。一開始我在網路找出版社資訊，然後投履歷表過去，也去過一〇四外包網接案，所以技術文件我也翻過一陣子。當時寫部落格純粹想抒發工作的煩悶心情，沒想到寫得越直接越多人看，漸漸就收到一些編輯邀約，有些編輯也很樂意幫我介紹給其他編輯，所以入行兩年後我不再需要擔心案子是否青黃不接。

問：你的譯作問世很快，大約一個月就有一本。你為什麼可以翻得這麼快？

看本數不準，看字數比較準，商管書的字數一般是十萬字上下，但八萬甚至六萬字的也有。所以別人翻譯一本社科或科普類的字數，可能相當於我翻譯兩本或三本商管書的字數。再加上近來有些書改版也改名，感覺好像很多本。

我平日抓進度是一個月翻五到六萬中文字，所以一個多月翻十萬字出頭的中文外加潤稿的時間（剛入行時潤一遍，現在比較龜毛會潤兩遍，所以時間也拉長了）。另外，我主要翻譯商管書，商管書比較簡單你不覺得嗎？（笑）加上我本來就有商學背景，所以翻起來也比較快。其實這個速度和我以前在銀行工作相比，強度已經低很多了。以前我們有時候早上開始翻譯一個文件，中午就要交了，壓力很大，常常沒時間吃午飯。我剛入行翻譯的速度就是這樣，後來因為接案主題變廣，查資料的時間和潤稿次數增加，反而速度變慢了。再加上健康因素考量，我也刻意減少接案量。

翻商管書有一些好處，除了市場有相當的需求之外，很多書都有時效性，翻完後編輯通常會趕快處理並出版，所以收錢的速度一般來說也比翻小說或其他領域的書快。我知道有些譯者不喜歡翻商管和心靈勵志類的書，但我自己蠻喜歡，翻勵志書我也可以學到很多東西。不過，我後來有稍微往其他領域開發，一來老是翻同一個領域會膩，二來也是希望慢慢培養翻其他領域的能力。

問：你怎麼有那麼多時間看書、聽書？

我覺得一來是我單身、沒有孩子、不必做家事吧。二來是我幾乎醒著的時候都在聽書（工作時間除外），吃飯、洗衣、洗澡、走路出門購物、運動等等都在聽書，一週聽兩三本很正常，我連中文書也是用 Readmoo 的朗讀功能聽的。三來是我對臉書、Instagram、推特、YouTube 之類的社群網站和 Netflix 沒有上癮。我買過 Netflix，但也取消訂閱過兩次，我發現我看影片會一直跳，沒耐性慢慢看，聽書是我最大的消遣。我的工作已經很傷眼睛，所以沒什麼多餘的耐心再看這些東西，尤其是親友的動態幾乎一律跳過，我只追蹤一些粉絲團。四來是我一直很愛看提升效率的書，再加上自從譯完《愈睡愈成功》之後，希望盡量拉長睡眠，每天就只有二十四小時，想要拉長睡眠和運動時間，就只能盡量減少零碎時間的浪費。

問：你曾主動向出版社要求提高費率、分版稅或修改合約內容的要求嗎？

沒有，因為我不知道要拿什麼理由要求，還有我不想增加編輯的負擔。我從來不覺得我的譯稿比別人好，每次看到譯文品質一級棒又很低調的前輩，就覺得自己沒什麼立場要求。我和齊若蘭合譯過一本書，他譯前面，我譯後面，因為稿子要銜接所以編輯給我看他的初稿。坦白說我看了很挫折，因為他的初稿很完美，完美到我甚至問自己為什麼要繼續譯下去。看到這些前輩的表現，我就提不出這些要求。

另外，我在公司上過班，知道上班的各種阿雜，也知道編輯平日要忙的事情太多了，所以我不想增加編輯的負擔。另一個是，我在科技業和金融業待過，我的主管認為與其在小錢上糾結，不如把時間拿去想怎麼賺大錢，所以我也有這種傾向。花時間要求稿費、版稅的成功機率不高，就算成功也沒多少錢。以現在的書市來說，一本書頂多讓你多拿幾千塊，不如把那些時間拿來再翻譯一本書都賺得比較多。不過，待遇給得低於行情太多的客戶我也不會合作。

我覺得我之所以走得比較順，是因為我對很多事情看得很開。我的價格不高，譯文也不算拔尖，品質比我好的前輩多得是，而且一個比一個低調，交稿比我準時的譯者更是一籮筐。我唯一比較好的可能是比較好相處，我盡量不為了稿費去爭取什麼。有些譯者可能會用「公不公平」的角度來看這些事，但我個人的想法是，我上班時遇到不合理的事情多得是，相對來說出版社和譯者的關係算單純。我從來沒有想去爭取什麼，後來反而是編輯主動幫我加薪。所以每次有年輕人請我給入行建議，我都會建議他們先去上班一陣子，有一些職場經驗後再做自由工作，想法會很不一樣。

這一行厲害的譯者真的很多，不止檯面上有名的厲害，很多默默翻譯的譯者也很厲害。但是呢，這行有個好處，因為是手工業，每個人的產量有限，再加上出版社非常多，A咖吃不完的，永遠有B咖C咖的位置。不在乎名利的話，這行永遠都有你的位置。出版業是一個產值很低的產業（尤其和我以前待過的科技及金融業相比），當它的營收和利潤日益萎縮時，普遍的薪資也低。但是，翻譯不是只能在出版業發展，其他產業的翻譯單價比較高，要翻譯什麼是個人的選擇。

問：你一直說覺得自己沒有比其他譯者出色，但你的確做到案子接不完的程度。你聽過編輯如何稱讚你嗎？

我想是我的譯文通順，節省編輯許多改稿時間。雖然我會拖稿，但編輯看稿時不太需要改，加上我沒什麼要求，所以他們樂於和我持續合作。

問：你怎麼看譯評這件事？我知道有些譯者怕翻書會被公開抓出來罵，所以寧可翻不具名的文件，也不想承受可能有一天被公開責罵的可能。

市場上有些人認為有批評才有進步，甚至有人會說「互相漏氣求進步」，但其實都是他在漏別人的氣，哈哈。我覺得批評可以，但要看是什麼樣的批評。一般來說多數譯者是比較內向的人，講難聽一點是「玻璃心」，過於犀利的批評可能會讓一個人因此消沉，甚至想要放棄。加上這一行因為收入很少，很少優秀的譯者願意持續投入，最後可能只留下比較差的譯者。我自己也常收到讀者的指教，但讀者通常都很客氣。有時譯錯就是譯錯了，除了虛心接受，確實沒什麼好辯的，但批評如果可以只針對文字會更好。

另外，某個非英語語系的語言市場好像競爭比較激烈，所以會出現比較多不太正面的比較或角力現象。我自己一路走來受到一些前輩的提攜、幫我介紹工作，所以我一直不相信這一行需要競爭，我也覺得沒必要靠批評別人來突顯出自己的厲害或搶生意，雖然批評者不見得是為了搶你的生意，很多時候他只是想笑你連那麼簡單的外文都搞錯。

問：可否分享你經歷過的低潮？

確切來講，我當全職譯者十五年來遇過三次低潮。前兩次認真想過要退出這個行業，那兩次都是因為譯稿受到嚴重的質疑，而開始懷疑自己是否適任。第三次則是因為純粹的職業倦怠。

第一次是發生在十年前，第二次是發生在五年前，第三次是發生在去年。第一次是交出的稿子被編輯整本退稿，理由是翻譯腔明顯。編輯其實合作很多次了，所以他對於那本突然有翻譯腔的問題感到不解。我自己交稿時已經有些心虛，因為作者的寫法讓我在翻譯和潤稿的過程中覺得非常卡，但我那時也不太知道怎麼修比較好，我覺得我有盲點，知道稿子有問題，但不知如何修改。

那時我付錢請了兩位編輯朋友幫我改了前言幾頁（一位堅持不肯收錢，完全是佛心來著），後來我照著他們修改的方式，自己改了後面十幾章。那本書出版時，aNobii 上的評語是「翻譯順暢」，後來我也跟同一位編輯繼續合作了好幾本書。那次改進對我後來的翻譯幫助很大。

幾年後，我被另一位編輯退稿時，其實我覺得莫名其妙，而且我和朋友都看不出問題出在哪裡（你也可以說我的程度就只到那裡，有待加強），那次對我的打擊比第一次還大，因為我不知從何改起。那時有整整好幾個月陷入低潮，每天工作都在懷疑自己翻譯的每句話，下筆都怕怕的。後來是找了幾本前輩翻譯的書，每天自己翻譯一兩段，再比對前輩的譯法，如此持續好幾個月，才漸漸恢復了信心。（如果你不知道要找哪本前輩的書，我可以推薦楊必的《名利場》和鄭明萱的《從黎明到衰頹》。）不過，也是因為那次逐句比對的機會，我發現再怎麼優秀的譯本都有錯誤，只是需要中英比對才看得出來，但那些小錯都瑕不掩瑜，絲毫不減損我對前輩的崇拜。

另外，很多人可能不知道，有些出版社的改稿方式是類似脫口秀那樣，會脫稿演出，改得非常生動，但不偏離原意，因為有些作者真的寫得很僵很死，譯者可以照著譯，但編輯為了增進讀者的瞭解，會改得比較生動。通常這種改法在讀者沒比對原文下，會覺得比較好讀。但不明究理的人，去比對中英文後，會以為譯者自己發揮。

經過那兩次挫敗後，我開始把自己定位在一個很初階的狀態，一個「比上不足，比下也不太有餘」的狀態。第三次低潮則是純粹倦怠，再加上工作骨牌又倒了，覺得很焦慮。第二次和第三次低潮都是靠運動恢復。第二次低潮讓我養成了運動的習慣。第三次是讓我開始慢跑，進而開始跑馬拉松。馬拉松不只幫我走出低潮，也讓我學習堅持下去，並悟出不少人生的道理，於是人生觀又變得更樂觀了。我其實不是一個很有毅力的人，但去跑半馬、全馬的過程中屢屢想要放棄又堅持下去的經驗，對我翻譯的幫助其實很大。

第 13 章｜本地化產業

我本身以翻譯書籍為主，非常享受翻書過程中與作者對話的過程。我很喜歡書籍的原因是，它往往是作者窮其一生在某個領域上的智慧結晶，加上書籍的篇幅較長可鋪陳較完整的論述，所以講到翻譯我腦中想到的都是書籍翻譯。但是，在開發 Termsoup 的過程中，我才明白譯者面對的客戶五花八門，各式各樣我以前從未想像過的翻譯內容，也在我與譯者大量互動後才瞭解。本地化公司是譯者常見的客戶之一，而且本地化產業的分工非常有系統，加上其逐年增加的產值反映出全世界的人交流越來越密切，因此我也想透過本書有系統地說明本地化產業（Localization），讓有志於在該產業發展的譯者，也能夠用宏觀的角度一覽產業大致的全貌。

本地化產業的結構

語言產業諮詢公司 Nimdiz 創辦人雷納托．貝尼納托（Renato Beninatto）與塔克．強森（Tucker Johnson），合著一本書叫《翻譯公司的一般理論》（The General Theory of the Translation Company），有系統闡述本地化產業結構與運作。作者表示，本地化是一個很特殊的產業，它座落在文化、語言和科技的十字路口之間，寫這本書是希望能夠讓對這個產業好奇或有興趣的人，可在書裡得到相對有系統的瞭解。本書書名的靈感取自經濟學家凱因斯的著作《就業、利息與貨幣的一般理論》（The General Theory of Employment, Interest, and Money），可見作者對這本書的用心和期待。

談到本地化產業，有些譯者認為那是一個「層層盤剝」的系統：終端買家（Language Service Buyer, LSB）付了不少錢買翻譯服務，但經過層層中間商的盤剝後，最後譯者可以拿到的錢寥寥可數。從這個角度來看，這是一個由上而下的結構，而在這個經濟結構底層的個人譯者，是最被剝削的一群。

<table>
<tr><th colspan="6">語言服務採購商（LSBs）</th></tr>
<tr><td colspan="6">↑ 買賣 ↓</td></tr>
<tr><th colspan="6">語言服務供應商（LSPs）</th></tr>
<tr><td>MMLSP
或
MLSP</td><td colspan="2">大型多語服務供應商</td><td colspan="3">多語服務供應商</td></tr>
<tr><td>RMLSP</td><td colspan="2">區域多語服務供應商
歐洲、中東以及非洲地區（EMEA）</td><td colspan="2">區域多語服務供應商
亞太地區（APAC）</td><td>區域多語服務供應商
美洲地區（America）</td></tr>
<tr><td>RMLSP</td><td>單一語言
服務供應商</td><td>單一語言
服務供應商</td><td>單一語言
服務供應商</td><td>單一語言
服務供應商</td><td>單一語言
服務供應商</td></tr>
<tr><td>SLSP</td><td>合約語言
專業人士</td><td>合約語言
專業人士</td><td>合約語言
專業人士</td><td>合約語言
專業人士</td><td>合約語言
專業人士</td></tr>
</table>

圖 13-1 ／語言服務的價值鏈（修改自 The General Theory of Translation Company）

這樣的看法乍看之下有道理，但仔細想想裡面有一個問題：終端買家付了那麼多錢，只是為了讓中間商們「咖油」嗎？如果你是買家，你願意被別人當凱子削嗎？如果你願意付那麼多錢，照理說應該是每一個參與這些活動的人都為你提供了一些價值，否則你應該不會甘心掏錢吧？所以，除了層層盤剝的角度之外，本章要分享另一個看待本地化產業的角度。

在《翻譯公司的一般理論》，作者談論本地化產業的方式並非由上而下，而是由下而上：從最下層的譯者，到最上層的大型多語語言供應商（MMLSP），每一層的參與者都貢獻自己的價值，由下而上形成一條價值鏈，這也是一般在談供應鏈時的典型談法。

本地化產業的特性

本地化產業服務的客戶來自眾多不同產業，智慧財產、財務、法務、媒體、行銷、遊戲、醫療、公部門、資訊、電商、科技、軟體、硬體、遊戲、製造業等都有，不同客戶都有各自的需求。由於客戶需求龐雜，沒有任何一家語言服務供應商（Language Service Provider，或一般說的本地化公司），能夠完全滿足客戶需求。為了服務多元的客戶，本地化公司必須仰賴彼此，因此形成上圖所示的產業鏈。這樣的市場性質讓本地化產業裡的參與者非常多樣，每一家公司都有機會在產業裡找到自己的利基（也就是前面說的細分市場）。

相較於其他產業，本地化產業最大的特色是市場集中度（Market Concentration）很低。如果將業內前二十大企業加起來，它們在業內的市佔還不到五%，前一百大公司加起來也只佔產業的十五%，集中程度非常低。以美國來說，谷歌和微軟兩家公司在搜尋引擎市場就佔八〇%以上；臉書、YouTube、Twitter 三家公司則在社群媒體市場佔超過七〇 %；FedEx、UPS、DHL 三家公司在運送服務市佔超過九十%；美國航空、西南航空、達美航空、聯合航空四家公司則佔將近七十%；即使是相對比較破碎的速食產業，麥當勞、Yum!、Subway、溫蒂、Chipotle 四家加起來也超過四十%。

整體來說，許多產業在全球都有越來越集中的現象，但語言產業依舊破碎。如果用衡量市場集中度的指標 HHI 指數（Herfindahl–Hirschman Index）來看，語言產業的 HHI 指數是六十七分（總分一萬分）。換句話說，語言產業語不只是碎片化，根本就是粉碎性。

本地化的價值鏈結構並非一夕而成，而是而是受到環境催生演變出來的。一開始，語言服務採購商直接與譯者合作，這些譯者有些是公司裡的全職譯者，有些是自由譯者。後來，部分譯者與三五好友組成小型工作室，變成單一語言服務供應商。當業務持續拓展，部分工作室演化成多語服務供應商，成為一方之霸。最後，一部分多語服務供應商再演變成大型多語服務供應商，成為本地化世界裡的恐龍級角色。大型多語服務供應商是這個演變過程的最終產物，它的演化程度最高，但它並不比其他參與者更重要。如前所述，這個產業之所以能夠運作，是靠價值鏈上的每一個參與者一同投入，彼此依存。

本地化產業的參與者

語言專家承包商（Contract Language Professionals, CLPs）

語言專家承包商是指在價值鏈裡所有貢獻一己專業的「個人」，這類人很多，但主要是譯者、校對、文案、行銷、顧問或工程師。一般說的自由譯者，就屬於這一類型，我們在本地化產業裡位居最上游（或最底層）的位置。這群人是一群龐大的無名英雄，是語言服務產業的中堅份子。

現在的語言服務採購商很少直接和自由工作者合作，因為採購商的需求隨全球化而大增，而且需要的服務往往不僅止於翻譯，往往還需要專案管理、技術開發、行銷等服務，這些大多不屬於自由工作者的服務範圍。有些自由工作者選擇繼續保持「單身」專注在各自的專業，有些則選擇和客戶一起成長為單一語言服務供應商。

單一語言服務供應商（Single Language Services Providers, SLSPs）

最近有一位譯者告訴我，他的客戶幫他介紹了另一個更大的新客戶，新客戶每個月固定有相當的量需要翻譯，但他一個人顯然很難負擔那麼大的量。他問我該怎麼辦？他可以有兩個選擇：

1、利用軟體加快自己的產能

2、找幾位可靠的譯友一起翻譯

軟體雖能提升產能，但仍然需要人操作，加上這位譯者已經使用 Termsoup，個人產能已到極限。看來，他只能採用第二種方式。如果他採用了第二個方法，他報給客戶的價格勢必要比只有他自己翻譯時高，因為他不僅要支付其他譯者稿費，也要負起聯繫客戶、管理專案等工作。在這種情況下，他有可能將翻譯工作完全外包出去，但仍賺取一定利潤，因為他提供了管理人員和管理專案的服務。這就是單語服務供應商的起源。

本地化產業裡有許多單語服務供應商，有些甚至仍是一人經營，但和和許多外包的譯者、校對、審稿人員合作。作者提到，本地化產業之所以有許多單語服務供應商，是這種公司的商業模式可讓你在風險和利潤之間，取得不錯的平衡。一方面，你的風險不像自由工作者變動那麼劇烈；另一方面，你也不需要像多語服務供應商那樣必須同時管理幾十種語言。

區域多語服務供應商（Regional Multiple Language Services Providers, RMLSPs）

所謂的區域多語服務供應商，就本質來說還是很接近單語服務供應商，只是在某些條件下，有些單語服務供應商可以多提供幾種語言服務，成本又不會大幅增加。對客戶來說，它們也樂得你一條龍包下它們所需的多語服務，節省它和多個供應商溝通的成本。因此，有些單語服務供應商成為多語服務供應商。

所以，什麼情況容易出現「『區域』多語服務供應商」？這類語言服務供應商通常出現在多語並行的國家，例如印度，或在相近語言群聚的地區，例如巴爾幹半島上的各種波羅的語。區域多語服務供應商通常專精在小語種，例如非洲內部的語言，或同一種語言內的細分語言，例如拉丁美洲各國的西班牙語，或在亞洲的台灣、香港或中國的中文。不過，現在由於網路發達，這類供應商也可打破地理限制，處理法國和加拿大相距千里的不同法語。

區域多語服務供應商在本地化產業之所以有其利基，在於語言和地理與文化密不可分，是其他區域的供應商很難跨越的天然屏障。此外，如果配合得當，最上層的大型多語服務商也傾向和區域多語服務商合作，因為這樣可省下將同一個專案對不同語言的需求派給多個單語服務商處理的不便。有時候，語言服務採購商由於只打算針對特定區域的市場推廣產品，所以傾向和區域多語服務商直接合作，這樣價格也會低一點。

多語服務供應商（Multiple Language Services Providers, MLSPs）

越來越多的語言服務採購商只和多語服務商合作，不與區域多語服務商或自由工作者合作。隨著技術進步，例如國際電話、傳真機、電子郵件、通訊軟體、視訊軟體等，本地化公司要在全球市場佔得一席之地的障礙逐步降低，有些本地化公司不僅可提供所在區域的多語服務，甚至還可提供世界各地的語言。作者表示，只要你有能耐，你也可開一家多語服務一人公司！不過，實際上這種情況不多見就是了。多語服務商在本地化產業的價值鏈發揮極大作用，是整個語言服務產業的守門人。當採購商要購買語言服務時，絕大多數也都會找多語服務商。

大型多語服務供應商（Massive Multiple Language Services Providers, MMLSPs）

大型多語服務商是指規模很大的多語服務商。

語言技術供應商（Language Technology Providers, LTPs）

語言技術供應商是推動本地化產業不斷演進的重要一員。隨著客戶使用的媒體、媒介和商業模式越來越多元，本地化產業使用的工具也要推陳出新。不管是筆譯或口譯工具、機器翻譯、媒體本地化、市集、平台等，這些技術都要由語言技術供應商研發，讓產業能夠與客戶的需求與時俱進。

本地化參與者的價值鏈

瞭解本地化產業各環節上的參與者後，接著來看這些參與者如何由下而上，各自在自己的位置上貢獻價值。

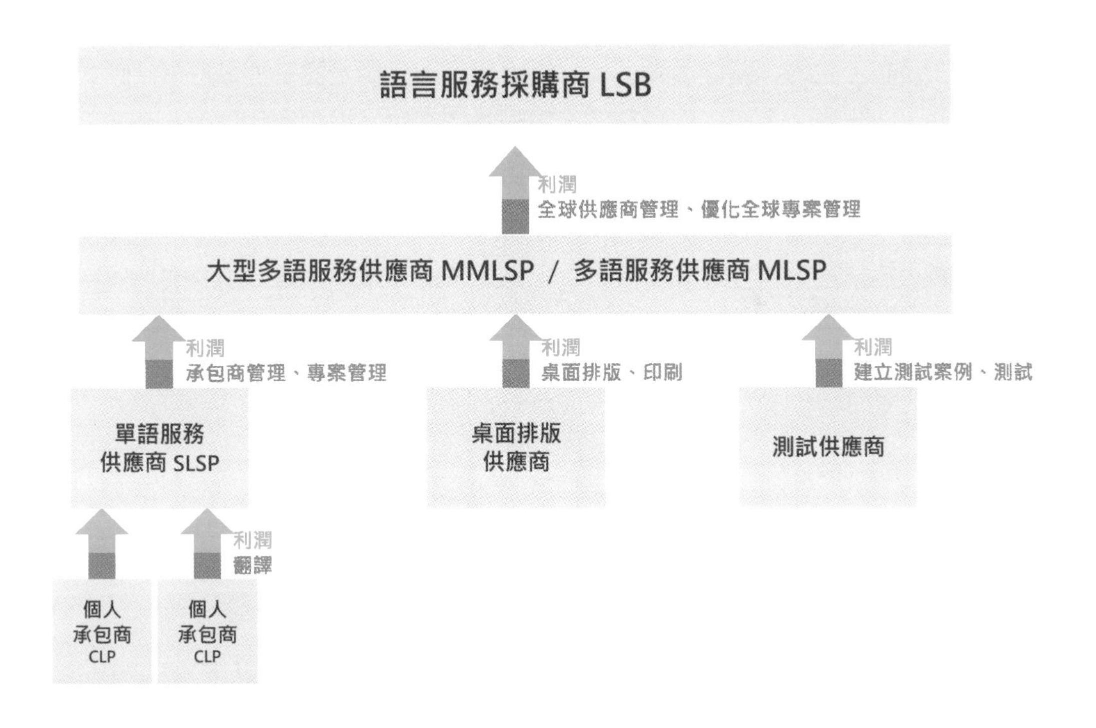

圖 13-2 ／本地化產業的結構（參考來源：翻譯公司的一般理論）

上圖有兩點說明。第一，在本地化產業價值鏈上的參與者都貢獻了不同的價值，個人承包商提供翻譯、校對等價值；單語供應商提供管理價值，管理專案和外包的自由工作者；桌面排版供應商（Desktop Publishing Vendor, DPV）和測試供應商（Testing Vendor, TV）則各自提供自己專業的價值。這些供應商提供服務給多語服務商或大型多語服務商，多語服務商則提供全球性的供應商管理與專案管理。由此可見，不論是哪一個層級的本地化公司，它們本身都不直接從事翻譯工作，翻譯都是外包給個人處理。本地化公司的主要功能是從事各種需要溝通協調的管理活動與銷售。

第二，結構裡每一個參與者都有兩個組成部分：核心工作與利潤。核心工作（core function）是指在價值鏈上的參與者，為了提供價值而必須從事的工作，也就是商業模式畫布上說的「關鍵活動」。以譯者來說，我們是體系裡最底層（或最上游）的個人承包商，主要工作是翻譯，這是我們在體系裡創造的價值。為了完成核心工作以創造價值，我們需有一些成本需要負擔。自由工作者最大的成本是時間，此外我們要負擔電腦設備、軟體等費用，這些是我們的成本。但是，我們收取的稿費不能只夠用來付這些成本，否則就完全沒有賺頭，還必須要有一定程度的加價。

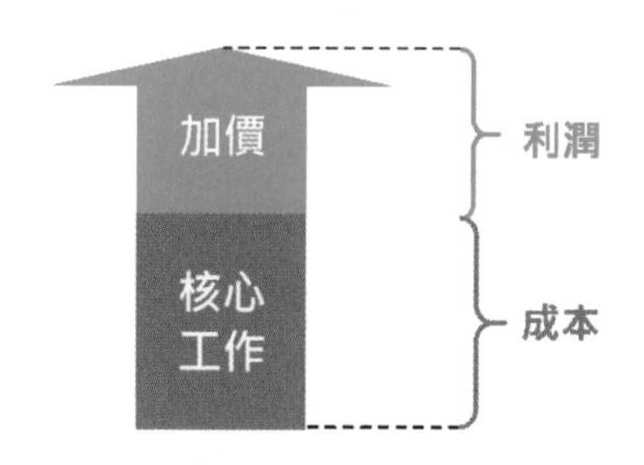

圖 13-3 ／價值鏈參與者的成本利潤結構（來源：翻譯公司的一般理論）

本地化產業的一般理論

瞭解本地化上述結構和結構裡的參與者後，兩位作者最重要的觀點在於說明本地化公司在在市場的狀態以及它們如何運作。

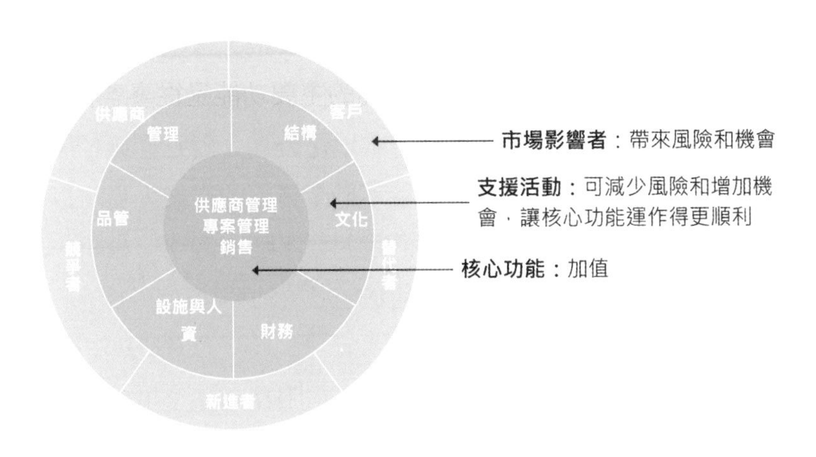

圖 13-4 ／ LSP 在市場的狀態和活動（來源：翻譯公司的一般理論）

上圖有三個同心圓，最外圈是市場對本地化公司的影響力，中間圈是本地化公司的支援性活動，最內圈是前面提過的核心功能。作者強調，看這個架構時一定要從外圈看到內圈，不能從內圈往外圈看，因為內圈的功能是受到外圈影響。如果你想在本地化產業開展事業，更要記得由外往內理解本地化公司，因為這樣才能夠讓你找到你的利基。

我非常喜歡兩位作者強調必須「由外往內」的觀點，與本書不斷強調的觀念呼應：先瞭解市場，再根據市場找到自己的利基，然後提供服務。不少人在經營事業時往往以自己為出發點，覺得自己擅長就做什麼，然後就到市場提供自己的服務，卻很少仔細思考過市場狀況和客戶需求。兩位作者花了一半的篇幅說明市場上有哪些力量影響產業內的本地化公司，內容非常精彩，推薦所有語言工作者都找來讀。即使你不打算在本地化發展，《翻譯公司的一般理論》也可以讓你對整個語言產業有更深、更全面的瞭解。

來自市場的影響力

作者根據波特的五力分析（Porter's five forces analysis），也將市場上影響本地化公司運作的力量分成五種，分別是新進者、替代者、客戶的議價能力、供應商的議價能力、競爭對手。這五股力量圍繞著本地化公司，對它們施加壓力，同時也為本地化公司帶來機會。這五股外在力量不是產業內的從業人員可以影響或控制的，就像我們無法控制市場變化一樣，但我們要不斷去觀察、分析、理解這些力量，思考如何在這個產業裡找到自己的利基。

本地化產業是一個進入門檻低的行業，有些單語服務商甚至是一人公司，每天都有人進進出出這個產業。許多產業的新進者，經過一段時間發展後會歇業或併購，有些從業人員則轉職到其他產業，因此長期來說大多數產業都會變得越來越集中度。但語言市場不同，新進者若在產業裡若經營不善，被資遣的人很可能依然留在這個產業裡創業，因為這個行業的門檻很低。為什麼很少人轉職到其他產業？作者表示，可能因為語言服務從業人員認為自己的專業很特殊，較難在其他產業找到工作。此外，還有一些人天生就是熱愛語言工作，所以他們選擇用其他方式留在產業裡。和其他產業相比，本地化產業顯得十分破碎。

這個產業也面臨了來自其他產業替代者的挑戰，例如群眾翻譯、自動化、機器翻譯、人工智慧等。幾年前群眾翻譯非常火紅，不過現在大家發現它的效果仍然有限。另外，機器翻譯、人工智慧由於品質大幅提升，對於本地化漸漸帶來影響，但到目前為止這些新技術對本地化的影響仍以正面居多，可幫助本地化產業有效提供服務。

LSP 的支援性活動

本地化產業的支援性活動主要有七個：管理、結構、財務、文化、人資、技術、品管。支援性活動不是本地化公司的核心功能，卻是讓核心功能夠順利運作的重要輔助性活動。在這裡，作者特別提到品質保障（Quality Assurance, QA）。

許多人認為品保是本地化公司的核心功能，但實際上卻不是，它是支援性活動。為什麼？答案很簡單，因為核心功能指的是必須能夠加值的活動，但品質保障並沒有加值。作者提到，許多本地化公司常犯的一個錯誤是，它們認為只要品質好就足以讓自己在市場上帶來差異化，但從客戶的角度來看，品質好是應該的，本地化公司並不會因為翻譯的品質好而脫穎而出，這一點和先前章節提到的不謀而合。這樣說的意思並非認為品質不重要。相反的，好品質對本地化公司來說非常重要，只是我們對品質的認知應該是：**品質不好會讓你失去客戶，但品質好不一定會讓你留住客戶**。

LSP 的核心功能

最內層是前面提到的核心功能，也就是本地化公司在價值鏈上真正創造的價值，主要有三：供應商管理、專案管理和銷售。供應商管理（管理外包人員與協力廠商）和專案管理前面提過了，並不難理解，但「銷售」則比較讓人困惑。銷售之所以是本地化公司的核心功能，在於本地化產業是一個建立在「關係」上的事業，買賣非常仰賴人脈。相較於其他產業可相當程度借力於廣告、行銷、或其他可規模化的銷售途徑，本地化公司必須靠業務員在外建立人脈網，所以業務人數和業績有正相關。業內一些非常重要的會議活動，例如全球化與本地化協會（Globalization and Localization Association, GALA），幾乎是所有想在業界發展的公司都會參加。在那樣的場合裡，買家和賣家都會參與，你如果沒去代表你就少了做生意、打聽消息和建立人脈的機會。

本地化產業就像希臘城邦

如果有志於在本地化產業建立職涯，不管你的身份是什麼，是個人承包商或本地化公司，作者都建議你要從市場分析開始，接著再根據你的條件找到你的市場利基。這一行和其他產業最大不同的地方在於，語言和文化非常多樣化，加上客戶來自差異很大的產業，因此提供服務的本地化公司也非常碎片化。

如果用地貌來比喻產業生態的話，本地化產業就像位於巴爾幹半島南端的希臘半島。那裡八〇％的陸地是山脈，地形曲折破碎，腹地狹小，難以統一。在交通不發達的古代，這種地形造成山頭各自林立的城邦社會，這些城邦從幾百人到幾千人都有，大部分不超過五千人，最多的城邦雖然比小城邦多上百倍的人口，但也不過幾萬到十幾萬。本地化產業的狀況和希臘城邦很像。人類不同的語言、文化、風俗、習慣就像崎嶇蜿蜒的地形，許多細微之處差之毫釐，失之千里，必須仰賴真正在地的專業人士才能擁有到位的服務。因此，只要你佔據了一個山頭，即使這個山頭不大，但你只要為一些客戶提供專業、到位的服務，就可以建立一個城邦，過著雖不大但有特色，甚至富足的生活。

如果你是譯者，建議你不只瞭解自己的工作，也要瞭解你合作的公司。不管是本地化公司、出版社或翻譯社，瞭解你的客戶和它們在產業裡的位置，對於你思考自己的工作和職涯，都會很有幫助。

在本地化產業裡找到你的利基

個人在本地化產業的職涯路徑

我在二〇一九年美國譯者協會六十週年年會上，認識在知名翻譯學校蒙特雷學院（Middlebury Institute of International Studies, MIIS）擔任學生生涯規劃老師賀永中（Winnie Heh）。老師來自台灣，在美國口譯及本地化業界工作二十五年後，四年前回母校擔任生涯規劃老師，幫助學生釐清自己的興趣和職涯方向。在會場聊天時，他表示「自由譯者」這個詞很容易造成誤解，許多決定當自由譯者的人往往只看到「自由」兩個字表面上的意義，殊不知當自由工作者非常需要培養行銷能力。「你就是你的 CEO」，老師說。

此外，賀永中老師也提到，讀翻譯的學生對自己的職涯想像通常太過狹隘，常常只把聯合國當成人生唯一的聖杯。他說：「即使是像蒙特雷學院這樣的學校，學生清一色想到聯合國工作，沒有其他想法。語言產業其實有很多有趣的職務，但學生都不知道，非常可惜！」

狹隘的職涯觀

老師曾在他的文章〈蒙特雷學院賀永中：外語人才的就業與人文教育與專業能力培養的相得益彰〉中分享他為何會投身於學生的職涯輔導：

> 我很快就發現 80% 以上的學生都說他們要到聯合國做口譯，而且這是不分語種、中外皆同。這讓我既納悶又擔心。能夠為聯合國服務當然是值得推崇的目標，但不應是唯一的選擇。聯合國不是每年都招人，即使招人，所需的人數也少，另外並不是每個學生都適合做口譯，最重要的是外面的世界這麼大，語言服務業的機會這麼多，怎麼這些學生口徑一致的全要到聯合國？

由於在校生對職涯的想像很有限，業界也因此延續了這種現象。例如，

> …剛接手這家公司的時候，我很訝異地發現在二十多名專案管理經理中沒有一個是學外語的。我所訝異的…是這項工作是非常適合有外語背景的人來從事的，為什麼學外語的人沒來爭取這種工作機會呢？
>
> 我意識到外語學生對於自己職業生涯的定義似乎過度狹隘，凡是和理工或商業沾上邊的工作不是認為自己力有未逮就是不屑一顧，過猶不及非常可惜。我於是開始去探究美國大學對語言教學及學生職業出路的過去、現在及未來。

為了讓學生更瞭解學語言的出路有多廣，老師做了一個語言產業生態系的圖表，詳細列出翻譯產業的五十幾種職務、職務內容、職務需求以及目前正在擔任該職務的人的連結非常適合想在本地化產業發展的人參考，並瞭解語言專業人士的發展並非只有筆譯或口譯。有興趣投身本地化產業的人，非常建議搜尋賀老師的網站詳閱這張圖表。

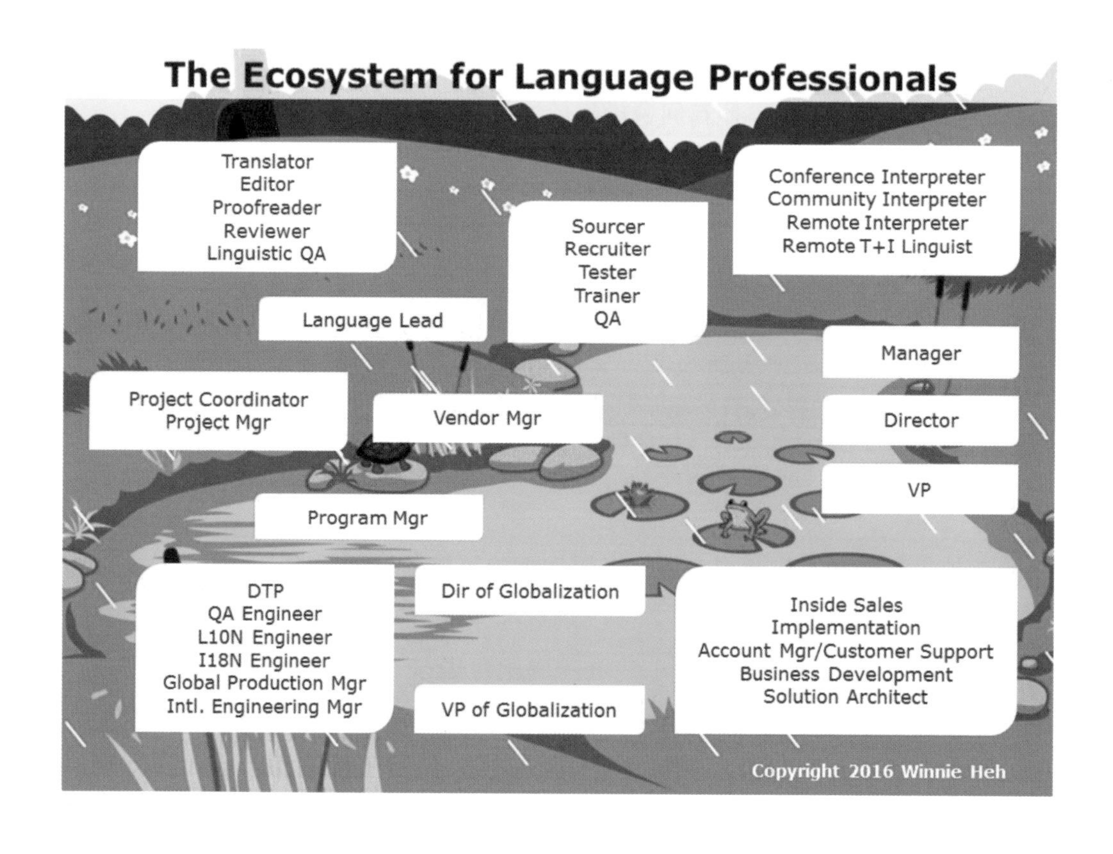

圖 13-5／本地化產業生態系（來源：賀永中）

第 14 章｜拿回人生的自主權

這本書的主軸是幾個行銷分析架構，分別是 AIDA、STP 和商業模式畫布，其中畫布又包含前二者的精髓。表面上書裡講的是行銷和商學理論架構，但實際上我更想分享的是拿回人生自主權。

我在本書一開始就提到，創業對我最深刻的影響不在商業層面，而是在心靈層面。創業的重點不在於開公司，而在於創造。最近我讀到一句話：「權力使人腐化，沒有權力也使人腐化」，我非常認同這句話！許多人上班一陣子之後，整個人變得意志消沉，因為他在公司裡連一件芝麻綠豆的事也不能決定，完全只能當一個工具人聽命行事，等於人性中天生就有的創造和創意能力被徹底扼殺，難怪會腐化、枯萎，這就是我過去上班時的感受。

後來創業了，我每天都有很大的空間決定自己要做什麼：該訴求哪些客戶？該用哪個通路接觸客戶？該如何和客戶保持聯繫？該如何定價？我有最大的空間決定如何改善公司的營運，這份權力和自主性是我過去從來沒有過的。我覺得自己被賦權（Empowered）了！自從有過拿回人生自主權的體驗後，我就知道 Empowerment 是我這一生最重要的主題之一。對我來說，我不僅要讓自己有能力決定人生，也希望幫助別人達成他想要的人生。這是我一生的志願。

不過，權力和責任是一體兩面，有多大的權力就有多大的責任。身為經營者，我雖然有權決定怎麼做，但我也要為我做的每一個決策負起完全的責任，而這就是我在創業過程中學到的另一個寶貴觀念：當責（Accountability）。從我自己和我觀察周遭的人來說，當責可以讓人變得成熟和深刻，不管是個人或組織都應該積極培養這種性格和文化。

自由工作者和創業家一樣，每天都有很大的空間決定自己要做什麼，並且為自己每天的各種抉擇負起責任。我常聽譯者說不知道該去哪裡找案子，或案子只能來自於翻譯社，覺得非常無力。這本書說的是除了常見的方法之外，你還有其他途徑可以改變你的職涯。但是，所謂「其他途徑」並非容易走的路。如果容易走的話，那些路早就人滿為患，大概也沒多少黃金可以撿了。

還有人說，開發直接客戶雖然能多賺一點錢，但也要多花時間和力氣，兩兩相抵不一定真的比較賺。這樣說的確沒錯，但我認為額外學習這本書講的東西，其價值遠遠超過只是去賺比較高的稿費這麼簡單，更重要的收獲還是培養經營事業的能力。不論你今天做什麼工作，甚至是當上班族，這種能力都是很重要的綜合和後設能力，也才是其他人或機器難以取代的能力。講到這裡，我想分享我很欣賞的一位企業經理人：大型零售商好市多（Costco）的亞洲區總裁張嗣漢。張嗣漢雖然縱橫零售業，但其實他是籃球員出身，他的跨界和學習精神非常值得我們借鏡。

張嗣漢在台灣出生，從小隨家人移民美國，是一位出色的籃球隊員，也曾返台打瓊斯盃。加州柏克萊大學國際經濟學系畢業的他，在打球受傷後明白自己的體能和條件無緣進入籃球界的最高殿堂 NBA，於是決定從商。他說，當他決定放棄從小培養的籃球改走商時，他在柏克萊大學的同學都已經進入職場三年，有些人甚至已經在大公司當上經理，讓他非常焦慮。經過一連串的磨練後，他在一九九五年被好市多派到台灣開拓市場。二〇一五年，在全球近七百家好市多分店裡，他帶領的台灣好市多三家分店全部排名前十名。

身為專業球員，他在轉換跑道時如何將他在球場上的學習應用在職場，一直是我非常想瞭解的題材。他在他的書《教練自己》表示，我們不僅是球員，也要同時身兼自己的教練，學會用教練的高度來看待自己的工作。他說：

教練與球員最大的不同，在於眼光的長短。球員關注的是這顆球會不會進，教練關注的是這場球能不能贏；球員看重的是每場比賽的個人表現，教練看重的是整個賽季的團隊成績；好的球員專心當下，想在每一分鐘打出最好的表現，好的教練則著重未來，致力做好年度規劃，讓球員在比賽中成長、變強，成為下一個當家球員。

進入職場，我們都是企業團隊的一份子，有如縱橫職場的球員，只是球隊裡有教練，職場上沒有教練，該如何讓自己成長？很簡單，我們就是自己的職場教練，我們看待自己的工作、職涯時，要有一個全新的眼光，要能從教練的高度來看待我們的工作。

…當我結束台灣的球員生涯，回到美國遞出履歷表，所得到的第一份工作是加州不動產伸介公司的業務員。在美國要成立公司或設立工廠，有相當多的法令，每個州也各有不同的規範，再加上一旦成交，金額都相當大，因此要媒合買賣雙方成交是一件不容易的事，這意味著，我要付出很多的努力，但是結果通常是失敗。這是我的第一份工作，我做了一年，三百六十五天裡，有三百六十四天都被客戶拒絕，我常常熬一整晚趕好企劃書，隔天滿懷希望向客戶簡報，但是通常不到五分鐘客戶就直接 say no，一點商量的餘地都沒有。

即使是這樣的工作，一樣有可以學習的地方。從球員的角度來看，每天被拒絕，每天打敗仗，這份工作實在沒有太多成就感，但是從教練的眼光來看，這份工作可以學到專業，也可以學到態度。在專業上，一個工業或商用不動產，投資金額大，客戶的考慮會非常縝密，如果在這裡開一家商場，卻沒有人來，投資者就會蒙受很大的虧損，因此面對一塊素地，客戶的考量是什麼？是交通嗎？是人流嗎？還是有什麼其他因素支持他的決定？這樣的經驗對一個初出茅廬的社會新鮮人來說，好像一點用也沒有，但是當我來到台灣，受命擔任好市多來台拓點的負責人時，這份工作學到的經驗對我就很重要。

在態度上，我學到的東西就更顯寶貴。一個客戶 say no，你可以把它視為一次失敗，但也可以把他視為一次機會。客戶拒絕了，原因是什麼？是我們沒有凸顯他想看見的產品優點嗎？是我們沒有給予產品一個正確的定位嗎？如果把一次拒絕視為一次修正的機會，那麼每一次的拒絕都會讓我們下次少一個被拒絕的理由。這種修正錯誤，愈挫愈勇的自信，不只在比分大幅落後的時候能讓球隊急起直追，在我後來的工作經歷上也成為很大的助力，台灣第一家好市多在高雄開幕之後，連續虧損了五年，如何在這五年中調整自己，讓消費者從拒絕到願意成為會員，讓我們的商品與陳列愈來愈符合消費者的喜好，這中間的過程需要的不正是同一種態度嗎？

— 張嗣漢，好事多亞太區總裁

我很喜歡張嗣漢強調我們應該學習用教練的高度來看事情，而這也是我寫這本書的初衷。教練看的是整體，能夠看到細節和不同環節在整體裡的位置，也知道它們的意義和重要性。當我們漸漸用更大的格局來看待發生在自己工作上的事情，學習其他領域的知識和工具幫助我們判斷、調整，長此以往就會發展出後設的分析能力和實踐能力。

張嗣漢的書名叫做《教練自己》，因為球員在球場上有教練幫他們釐清全局，但在職裡的人卻往往沒有教練。有些人很幸運，遇到一些主管或同儕幫助他們拓展視野，因此職涯起了很大的改變，但並非所有人都有這種際遇。因此，張嗣漢認為我們也必須當自己的教練，培養看全局的能力。我自認是一個非常幸運的人，創業的經歷打開了我的視野，讓我（逼我）在相對短的時間內瞭解商業活動的邏輯，以及如何在這個邏輯裡修煉自己。

過去，我認為商業是一個勢利眼又現實的場域，但現在認為它是一個磨練心智的好地方。的確，商業上的現實真的很實際，沒有收入、沒有客戶、產品賣不掉、沒有營業額、發不出薪水、銀行戶頭歸零等等，都讓人痛苦至極，這些我都經歷過，但也正因為這種痛苦非常真實，所以才能夠考驗和砥礪一個人的心靈。我很喜歡的導演克里斯多福・諾蘭（Christopher Nolan）曾在大學畢業典禮上告訴畢業生，許多來這種場合致詞的人都會要新鮮人追求夢想（最有名的就是賈伯斯的演講），但他不要大家追求夢想，而是要大家追求現實。「我希望你明白，追求現實不應以犧牲夢想為代價，而要將現實當作夢想的基礎」，他說。

最後，我希望就實用層面來說，這本書可以讓你掌握商業上三個重要的架構，讓你能夠開始應用這些架構分析自己的工作，並能夠以此為起點拓展其他商業知識。就心理層面來說，我希望這本書可以為你帶來力量，讓你知道不管你現在的處境為何，你其實都擁有能力改變你的工作。這些改變也許還很小，但只要你釐清自己的方向，日復一日小步往前，有一天你就會驚訝發現，原來你已經往前走了很長很遠的路。

國家圖書館出版品預行編目（CIP）資料

專業譯者必修的商業思維：譯者的定位、行銷與商業模式全攻略 / 周群英著 . -- 一版 . -- 臺北市 : 學研翻譯出版有限公司 , 2020.11
面； 公分 . -- (學研叢書 ; 1)
ISBN 978-986-99681-0-2(平裝)

1. 商業管理 2. 翻譯

494.1 109016846

學研叢書 01
專業譯者必修的商業思維

作　　者　周群英 (Joanne Chou)
發 行 人　張高維
主　　編　康　美
執行編輯　張志維
編　　輯　張佑瑋　李曉琪　許嘉莉　鄒庭嘉
出 版 者　學研翻譯出版有限公司
臺北市中山區中山北路三段 29 號 5 樓之 2
電話：(02)2586-7889
傳真：(02)2597-8921
e-mail：sytplc@gmail.com
郵政劃撥：50444427（學研翻譯出版有限公司）
排版印刷　華剛數位印刷有限公司
臺北市長安東路二段 169 號 7 樓之 2
電話：(02)2776-4086
出版日期　2020 年 11 月一版初刷
定　　價　420 元整
ＩＳＢＮ　978-986-99681-0-2
